W0313816

Soft Skills

Gabriele Peters-Kühlinger
Friedel John

5. Auflage

HAUFE.

Inhalt

Hinweis: Aus Gründen der besseren Lesbarkeit wird bei Personenbezeichnungen und personenbezogenen Hauptwörtern in diesem Buch das generische Maskulinum verwendet. Entsprechende Begriffe gelten im Sinne der Gleichbehandlung grundsätzlich für alle Geschlechter. Die verkürzte Sprachform hat nur redaktionelle Gründe und beinhaltet keine Wertung.

Vorwort

Wie komme ich gut an – im Bewerbungsgespräch, bei Vorgesetzten und Kollegen? Worauf legen Führungskräfte, Personalleiter und sonstige Entscheider Wert? Wie kann ich meine Karriere pushen? Diese Fragen stellt sich vermutlich jeder, der im Arbeitsleben steht, immer wieder.

Haben Sie schon einmal erlebt, dass ein Kollege bei gleicher fachlicher Leistung auf der Karriereleiter an Ihnen vorbeigezogen ist? Oder passiert es Ihnen, dass Sie in Besprechungen nicht so oft zu Wort kommen, weil Sie übersehen werden? Fragen Sie sich manchmal, warum einige Menschen so viel Anerkennung genießen und andere wiederum nicht? Warum Sie bestimmten Kollegen vertrauen und gegenüber anderen Abneigung empfinden? Ihr Gefühl wird Ihnen wahrscheinlich sagen: Erfolgreiche und beliebte Menschen haben das »gewisse Etwas«. Und das stimmt. Dieses Etwas heißt »Soft Skills« und meint Fähigkeiten, die über fachliches Wissen hinausgehen, die auf der emotionalen und kommunikativen Ebene angesiedelt sind.

Dieser TaschenGuide möchte Ihnen helfen, Ihre Soft Skills zu erkennen und auszubauen – und damit kommunikativer, vertrauenswürdiger und erfolgreicher zu werden. Sie finden zahlreiche Tests und Anleitungen zur Selbstreflexion, um Ihren Standort (Check-up) und Ihre Entwicklungsmöglichkeiten (Push-up) zu bestimmen.

Gabriele Peters-Kühlinger und Friedel John

Soft Skills im Unternehmen

Um die Karriereleiter zu erklimmen, reicht es nicht aus, im Bewerbungsgespräch einen guten Eindruck zu machen. Neben der fachlichen Qualifikation spielen heute generell die emotionalen Fähigkeiten im täglichen Umgang mit Kollegen und Vorgesetzten eine große Rolle.

In diesem Kapitel erfahren Sie

- was Soft Skills sind,
- wie Soft Skills Ihren beruflichen Erfolg beflügeln und
- welche Soft Skills Sie im Einzelnen beherrschen sollten.

Was sind Soft Skills?

BEISPIEL

Juliane Freitag, 36 Jahre alt, sucht einen neuen Job. Die gelernte Bankkauffrau verfügt über ein abgeschlossenes Studium der Betriebswirtschaftslehre und ist seit acht Jahren für eine Wirtschaftsprüfungsgesellschaft tätig. Eigentlich gefällt es ihr dort gut. Sie kann eigenständig und selbstverantwortlich arbeiten – wenn nur das schlechte Betriebsklima nicht wäre. Ständig gibt es Reibereien mit den Kollegen. Aus diesem Grund hat sie beschlossen, sich am Markt umzuschauen. In den Stellenanzeigen stolpert sie ständig über Begriffe wie Teamfähigkeit, Durchsetzungsvermögen, analytisches Denken oder kommunikative Fähigkeiten – und fragt sich, was damit eigentlich gemeint ist.

Dann wird sie zu ihrer Freude zu einem Vorstellungsgespräch eingeladen. Das Gespräch verläuft ruhig und freundlich. Aber plötzlich kommen Fragen, mit denen sie nicht gerechnet hat: »Frau Freitag, wie bauen Sie eine Vertrauensbasis zu Ihren Kollegen und Vorgesetzten auf? ... Wie gehen Sie mit Konflikten um? ... Wie wichtig ist Ihnen Kritik und wie kritikfähig schätzen Sie sich ein?« Juliane Freitag kommt ins Schwimmen, die Antworten wollen ihr nicht so recht einfallen.

Nach ein paar Tagen bekommt sie eine Absage. Juliane Freitag ruft den Personalchef an, um die Ablehnungsgründe zu erfahren. Dieser erklärt ihr, dass es nicht an ihrer fachlichen Qualifikation gelegen habe, sonst wäre sie gar nicht zum Gespräch eingeladen worden. Aber im Bereich ihrer sozialen Kompetenz hätte sie nicht überzeugt. Sie wirke nicht mit sich im Reinen und solche Mitarbeiter passten nicht gut ins Team. Diese

Erkenntnis trifft Juliane wie ein Schlag: Sollte das der Grund für die ständigen Reibereien an ihrem jetzigen Arbeitsplatz sein?

Soft Skills – der Schlüssel zum Erfolg

Sind Sie in einer ähnlichen Situation wie Juliane Freitag? Suchen Sie einen Arbeitsplatz oder stehen vor einem Zielvereinbarungsgespräch mit Ihrem Vorgesetzten? Dann wird es Zeit, sich mit Ihren »Soft Skills« zu beschäftigen.

Soft Skills heißt übersetzt »weiche Fähigkeiten«. Dahinter verbirgt sich Ihr Potenzial, gut mit Menschen und deren Handlungsweisen, aber auch gut mit sich selbst umzugehen. Früher wurden Soft Skills als soziale Kompetenzen bezeichnet. Darunter versteht man auch heute noch Faktoren wie Zusammenarbeit, Kommunikation, Konfliktfähigkeit usw. Bis in die 90er-Jahre reichte es allerdings aus, in Bewerbungsoder Mitarbeitergesprächen beispielhaft diese soziale Kompetenz darzulegen.

Der moderne Begriff Soft Skills hingegen steht für eine völlig neue Einstellung zu diesen Faktoren. Ohne den Nachweis Ihrer Stärken und Schwächen, der ein Nachdenken über die eigenen emotionalen Fähigkeiten zwingend voraussetzt, können Sie heute in Personalgesprächen nicht mehr bestehen – unabhängig davon, worum es inhaltlich geht.

> Soft Skills sind heute eine maßgebende Grundvoraussetzung, um einen Job zu bekommen und zu behalten.

Soft Skills als Zeichen emotionaler Intelligenz

Menschen, die über ein hohes Maß an Soft Skills verfügen, gelten als emotional intelligent. Emotionale Intelligenz beschreibt Ihr Vermögen, mit eigenen Gefühlen und denen anderer richtig umzugehen. Emotional intelligente Menschen verfügen über folgende wesentliche Kompetenzen:

- Sie können sich selbst gut beobachten und wahrnehmen,
- besitzen hohe Motivation,
- verfügen über Einfühlungsvermögen sowie
- gute kommunikative Fähigkeiten.

Die gute Nachricht: Emotionale Intelligenz ist angeboren, also jedem gegeben! Nur: Was man daraus macht, ist jedem selbst überlassen.

Ohne Soft Skills geht nichts mehr

Unter Hard Skills (harte Fähigkeiten) versteht man fachliches Know-how. Wenn Sie gerade in einer Bewerbungsphase sind, dann zählen auch Ihre Unterlagen zu den harten Faktoren. Früher reichte es in aller Regel aus, im fachlichen Bereich Erfolge aufzuweisen. Qualifizierte Arbeitszeugnisse, gute Schul- oder Studiumsabschlüsse waren Garanten, um zu einem Vorstellungsgespräch eingeladen zu werden. Exzellente Fachkenntnisse befähigten zum beruflichen Aufstieg.

In Zeiten beständigen Wandels, in Unternehmen mit immer weniger Mitarbeitern und hohem Erfolgsdruck reicht Fachwissen und Intelligenz allein nicht mehr aus. Es wird vorausgesetzt. Der Einfluss des Intelligenzquotienten auf den beruflichen Erfolg beträgt Untersuchungen zufolge derzeit nur etwa 25 bis 30 %, bei Führungskräften sind es sogar nur etwa 15 %! Damit wird deutlich, dass harte und weiche Faktoren aus der Sicht von Personalverantwortlichen und Vorgesetzten zusammengehören.

Was bringen Soft Skills?

So wie Sie Ihre fachliche Qualifikation erlernt haben, so können Sie aufgrund Ihrer angeborenen Fähigkeiten im Bereich der emotionalen Intelligenz Ihre Soft Skills weiter ausbauen.

Was erwarten Führungskräfte?

Die Personalverantwortlichen in den Unternehmen achten neben der (selbstverständlich) vorhandenen fachlichen Qualifikation immer stärker auf die emotionalen Qualitäten eines Bewerbers. Wem nützt schon ein Mitarbeiter, der zwar ein ausgewiesener Experte auf seinem Gebiet ist, mit dem aber niemand etwas zu tun haben will, weil er kauzig und verschroben wirkt? Eigenbrötler kann sich im Zeitalter vernetzter Strukturen keine Firma mehr leisten. Jedes Unternehmen stellt ein soziales Gebilde dar.

Soft Skills benötigen Sie in nahezu allen Berufsfeldern und auf allen Hierarchieebenen, insbesondere natürlich, wenn Sie beruflich vorankommen möchten. Führungsverantwortliche erwarten von Ihnen, dass Sie sich in das Netzwerk der formellen und informellen Wege im Unternehmen einbinden lassen und so zum Gesamterfolg beitragen: Weiterhin wird von Ihnen erwartet, dass Sie sich mit Ihren (emotionalen, nicht nur fachlichen) Stärken und Schwächen auseinandergesetzt haben und wissen, wo Ihre Potenziale liegen und wo eventuell noch Entwicklungsbedarf besteht.

Die Vorteile für Sie: Anerkennung und Gleichgewicht

Wer an seinen Soft Skills arbeitet, ist also nicht nur bei seinen Vorgesetzten besser angesehen und hat bessere Karrierechancen, sondern profitiert auch auf der persönlichen Ebene davon:

- Ein Kollege, der neben fachlicher Kompetenz auch seine menschlichen Vorzüge darzustellen weiß, wird eher anerkannt als das fleißige graue Mäuschen. Wer in Besprechungen durch Selbstbewusstsein und klare, präzise Kommunikation hervorsticht, wird schneller wahrgenommen als diejenigen, die auf den richtigen Moment warten, der dann doch nicht oder zu spät kommt.
- Wer über die Fähigkeit verfügt, das Vertrauen anderer zu gewinnen und zu erhalten, ist beliebter als Kollegen, die sich im Kontakt in Zurückhaltung üben.

Sie lernen sich selbst besser kennen

Die gezielte Auseinandersetzung mit Ihren kommunikativen Fähigkeiten bringt Sie automatisch ins Gespräch mit sich selbst und vielleicht auch mit anderen. Der Austausch gerade mit sich selbst ist für manchen sicherlich ungewohnt, aber Erfolg versprechend. Sie werden plötzlich auf Dinge achten, die Ihnen bislang verborgen geblieben sind. Ihnen wird auffallen, was Sie im Umgang mit sich und anderen schon gut beherrschen und warum manche Verhaltensweisen Sie stören oder verunsichern.

Das Wissen um die Erfolgskomponenten des zwischenmenschlichen Miteinanders sorgt für Entspannung. Wenn Sie Ihre eigenen Fähigkeiten und Entwicklungsmöglichkeiten erkennen, finden Sie zu einem inneren Gleichgewicht. Wer mit sich selbst vertraut ist, kann auch seine Mitmenschen viel besser einschätzen.

> Der Mut, Schritte zu gehen, die Ihre persönlichen Grenzen und Handlungsspielräume erweitern, führt Sie zum Erfolg.

Soft Skills ausbauen – eine Lebensaufgabe

Wer wollte das nicht – schnell ein Buch lesen oder ein Seminar besuchen, und schon läuft alles runder? Leider funktioniert das Leben so nicht. Wenn Sie Ihre emotionalen Fähigkeiten tatsächlich erweitern wollen, bedeutet das tägliche Übung.

Das fängt schon am frühen Morgen an, wenn Sie Ihren Busfahrer anlächeln. Sollte er nicht zurücklächeln, dann haben Sie hier ein gutes Trainingsgelände. Wenn Sie mit Ihrer sonst so verschlossenen Kollegin ins Gespräch kommen möchten, dann finden Sie heraus, warum Sie so abgewandt reagiert. Auch hier zeigt sich ein weites Feld zum Lernen. Schließlich wollen Sie ja nicht als neugierig oder aufdringlich erscheinen, sondern als freundlicher und hilfsbereiter Mensch.

Es wird immer wieder Situationen geben, in denen Sie sich über sich selbst ärgern. Wenn Sie herausfinden wollen, wo und warum Sie anders und besser hätten agieren können, dann dürfen Sie sich ehrlich selbst anschauen. Sie merken schon, der erfolgreiche Umgang mit sich und anderen bedeutet lebenslanges Lernen.

Welche Soft Skills zählen?

Emotionale Intelligenz umfasst viele Fähigkeiten des zwischenmenschlichen Bereichs. Für diesen TaschenGuide haben wir etwa 100 Personalverantwortliche um ein Ranking der aus ihrer Sicht wichtigsten Soft Skills gebeten. Die »Top 11« stellen wir Ihnen in den nachfolgenden Kapiteln näher vor:

1. Kommunikative Kompetenz
2. Selbstbewusstsein
3. Einfühlungsvermögen
4. Teamfähigkeit
5. Kritikfähigkeit
6. Analytisches Denken
7. Vertrauenswürdigkeit
8. Selbstdisziplin / Selbstbeherrschung
9. Neugierde
10. Konfliktfähigkeit
11. Durchsetzungsvermögen

Die wichtigsten Soft Skills erkennen und verbessern

Auf den folgenden Seiten lernen Sie die elf wichtigsten Soft Skills aus der Sicht von Personalverantwortlichen kennen. Im »Check-up« zeigen wir Ihnen, wie stark diese Fähigkeiten bei Ihnen ausgeprägt sind. Im »Push-up« geben wir Ihnen Hinweise, wie Sie sie verbessern können.

So schätzen Sie sich selbst ein

Offen und ehrlich in den Spiegel zu schauen, ist nicht immer ganz einfach und hängt sehr stark davon ab, wie kritisch bzw. unkritisch der Betrachter mit seinem Spiegelbild umgeht. Unsere Selbstwahrnehmung ist häufig geprägt von unseren Wünschen, der Vorstellung, wie wir sein wollen, und unserem Anspruch, wie wir meinen, sein zu müssen.

Selbstreflexion

Um die eigenen Potenziale klar erkennen zu können, benötigen Sie in vielen Fällen eine methodische Vorgehensweise, aber auch die Fähigkeit, sich selbst zu reflektieren. Hand aufs Herz, auch wenn es nicht leichtfällt: Befreien Sie sich von Ihren Wünschen und Ansprüchen an sich selbst und bemühen Sie sich um Distanz – um einen fremden Blick –, wenn Sie die folgenden Check-ups durchführen. Und bevor Sie sich in die Push-ups stürzen, sollten Sie sich bewusst machen, welche Kompetenzen Sie tatsächlich in Ihrem beruflichen und privaten Umfeld brauchen, um sich wohler zu fühlen und erfolgreicher zu sein.

Wenn Ihnen die Einschätzung in den nachstehenden Kapiteln manchmal etwas schwerfallen sollte, befragen Sie ruhig Menschen, die Sie gut kennen. Dieser Abgleich zwischen Selbstbild (Eigenwahrnehmung) und Fremdbild (Außenwahrnehmung) ist eine gute Voraussetzung für eine erfolgreiche Reflexion und dient einer gezielte Verbesserung Ihrer Soft Skills.

Methodische Instrumente

Zur systematischen Selbsteinschätzung möchten wir Ihnen zwei Modelle an die Hand geben, die Sie möglicherweise schon kennen: das Kommunikationsmodell von Schulz von Thun und das Verhaltensmodell von Riemann/Thomann. Beide Modelle werden zunächst erklärt und dann zusammengelegt. Mit diesen beiden Instrumenten ist es Ihnen möglich eine erste Selbsteinschätzung vorzunehmen. Aber Vorsicht: Es geht uns vor allem darum, Ihnen einen Anstoß dazu zu geben, ein Gefühl für Ihre Soft Skills und Ihr Entwicklungspotenzial zu entwickeln. Eine intensive Analyse muss natürlich immer im Einzelfall erfolgen, womöglich mithilfe eines Coaches oder Trainers.

Das Kommunikationsmodell nach Schulz von Thun

Beginnen wir mit dem Kommunikationsmodell, das der Psychologe Friedemann Schulz von Thun entwickelt hat. Nach diesem Modell hat jeder Satz, den wir sagen (Sender) oder hören (Empfänger), vier Ebenen. Schulz von Thun spricht von vier Ohren, auf denen wir hören, und vier Schnäbeln, mit denen wir sprechen:

- Die Sachebene: Hier vermitteln wir den reinen Informationsgehalt, also Zahlen, Daten und Fakten, etwa: »Die Druckerpatrone ist leer«; »Die Besprechung hat zwei Stunden gedauert«; »Die Kaffeemaschine ist kaputt«.
- Die Appellebene: Auf dieser Ebene zeigen Sender und Empfänger, was aus ihrer Sicht getan oder gelassen werden soll. Wir fordern den anderen auf oder hören einen Imperativ heraus:

»Erscheinen Sie bitte pünktlich!«; »Benachrichtigen Sie den technischen Kundendienst!«; »Nehmen Sie einen Zug früher!«

- Die Beziehungsebene: Diese Seite spiegelt das, was wir für unser Gegenüber empfinden, wie wir die gegenseitige Beziehung einschätzen: »Die Zusammenarbeit mit Ihnen macht mir Spaß«; »Ich vertraue Ihnen voll und ganz«; »Sie haben mich enttäuscht« usw.
- Die Selbstkundgabeebene: Der Sender sagt etwas darüber, wie es ihm gerade geht, teilt seine persönlichen Gefühle mit. Offen ausgesprochen hört sich das so an: »Ich bin müde«; »Ich freue mich auf das nächste Meeting«, »Ich bin gespannt, wie es weitergeht«; »Ich fühle mich über-/unterfordert« usw.

Wir lassen in jedem Satz, den wir sagen, alle vier Ebenen mitschwingen. Das bedeutet jedoch nicht, dass jede Äußerung offen alle vier Seiten enthält, einige Ebenen werden nur nonverbal über Gestik, Mimik und Körperhaltung angesprochen. Genauso verhält es sich mit der Aufnahme einer Nachricht durch den Empfänger. Um mit Schulz von Thun zu sprechen: Wir sprechen mit bestimmten Schnäbeln besonders gerne und wir hören – oft unbewusst – auf bestimmten Ohren besonders gut. Welche Folgen das hat, zeigen wir Ihnen im folgenden Beispiel.

BEISPIEL

Im Rahmen einer Projektleitersitzung sagt der IT-Leiter Fricke mit säuerlichem Gesicht zum Leiter Finanzen Schnarrenberg nach dessen ausführlichem Bericht über die Kostensituation: »Der Erfolg unseres Projekts hängt nicht nur von finanziellen Gesichtspunkten ab!« Worauf der Leiter Finanzen kontert: »Ich habe lediglich einen detaillierten Bericht über unsere Situation gegeben!«

Wer hat was gesagt und wie verstanden? Was meinte Herr Fricke wirklich und was hat Herr Schnarrenberg gehört? Untersuchen wir diese beiden Sätze:

- Sachebene: »Der Erfolg des Projektes hängt nicht nur von der Kostensituation ab.« Dem kann jeder zustimmen. Natürlich hängt der Erfolg eines Projektes nicht nur mit den finanziellen Mitteln zusammen. Auf dieser Ebene hat Herr Schnarrenberg die Äußerung wohl nicht verstanden.
- Appellebene: Der mitschwingende (implizite) Appell von Herrn Fricke könnte so angekommen sein: »Machen Sie sich nicht so wichtig!« Das würde die Reaktion von Herrn Schnarrenberg erklären.
- Beziehungsebene: Die Botschaft, die Herr Schnarrenberg vermutlich verstanden hat, lautet: »Sie sind längst nicht so wichtig wie wir« oder schlicht: »Sie nerven mich.«
- Selbstkundgabeebene: Was sagt Herr Fricke über sich selbst? Versuchen wir es mit »Ich brauche die Berichte nicht in dieser Ausführlichkeit« oder »Ich finde den Bericht entbehrlich« oder »Mir würden diese Dinge in schriftlicher Form reichen«.

Ganz gleich, auf welche der drei letztgenannten Ebenen Herr Schnarrenberg reagiert hat, vielleicht hat er sie auch alle wahrgenommen, die Selbstkundgabeseite seines Antwortsatzes lässt sich jetzt erklären mit: »Ich bin sehr wohl wichtig!«

Auf welcher Ebene »ticken« Sie am stärksten?

Kreuzen Sie bitte zunächst an, wie die jeweilige Aussage gemeint ist. Danach kreuzen Sie an, wie der Angesprochene aus Ihrer Sicht wohl antwortet.

Ein Mitarbeiter zu seinem Vorgesetzten: »Die Arbeit gefällt mir nicht.«	
Die Arbeit macht mir keinen Spaß.	❑ I
Weil Sie mich nicht mögen, muss ich diese Arbeit tun.	❑ B
Ich möchte mehr Einfluss auf meine Arbeit nehmen, ich fühle mich nicht wohl.	❑ S
Geben Sie mir eine andere Arbeit.	❑ A
Reaktion des Chefs darauf:	
Was gefällt Ihnen denn nicht?	❑ I
Ich kann mir meine Arbeit auch nicht immer aussuchen.	❑ B
Warum sind Sie so unzufrieden? Fühlen Sie sich bei uns nicht mehr wohl?	❑ S
Nun stellen sie sich nicht so an. Andere Arbeit habe ich nicht für Sie.	❑ A
Der Chef im Vorstellungsgespräch zum Bewerber: »Zuverlässigkeit ist mein oberstes Prinzip.«	
Zuverlässigkeit ist sehr wichtig.	❑ I
Sie verstehen meine Prinzipien bestimmt.	❑ B
Mich ärgert die Unzuverlässigkeit anderer, denn ich bin sehr zuverlässig.	❑ S
Wenn Sie nicht zuverlässig sind, haben Sie hier keine Chance.	❑ A
Reaktion des Bewerbers darauf:	
Was verstehen Sie unter Zuverlässigkeit?	❑ I
Dann ärgert Sie bestimmt jede Schlamperei, stimmt's?	❑ B
Mir ist Zuverlässigkeit auch wichtig.	❑ S

Sie dürfen davon ausgehen, dass ich sehr zuverlässig bin.	❑ A
Ein Vorgesetzter zu seinem Mitarbeiter: *»Ihre Berechnungen scheinen nicht zu stimmen.«*	
Die Berechnungen sind falsch.	❑ I
Sie haben sich vertan.	❑ B
Ich bin mit den Berechnungen nicht einverstanden. Das wäre mir nicht passiert.	❑ S
Prüfen Sie die Berechnungen noch mal nach.	❑ A
Reaktion des Mitarbeiters darauf:	
Was ist denn daran falsch?	❑ I
Dafür sind Sie Chef.	❑ B
Aber ich habe doch alles kontrolliert. Dass mir das passieren konnte!	❑ S
Ich werde sofort alles nachprüfen.	❑ A
Ein Mitarbeiter zum Vorgesetzten über eine Kollegin: *»Frau März ist schon wieder zu spät gekommen.«*	
Frau März ist zu spät gekommen.	❑ I
Sie passen nicht auf, sonst hätten Sie das merken müssen. Bei Frau März lassen Sie so etwas durchgehen.	❑ B
Ich bin pünktlich.	❑ S
Sagen Sie ihr die Meinung. So geht das nicht.	❑ A
Reaktion des Chefs darauf:	
Das ist mir bereits bekannt.	❑ I
Sie sind mir ja einer, schwärzen hier die Kollegen an!	❑ B
Sind Sie noch nie zu spät gekommen?	❑ S
Das müssen Sie mir überlassen.	❑ A
Der Chef fragt seine Sekretärin: *»Wo ist der Vorgang Schmidt-Wagner?«*	
Sagen Sie mir, wo der Vorgang ist.	❑ I
Sie werden wissen, wo er ist. Da kann ich mich auf Sie verlassen.	❑ B

Ich weiß nicht, wo er ist.	❑ S
Geben Sie mir den Vorgang.	❑ A
Die Reaktion der Sekretärin:	
Der Vorgang steht unter S im zweiten Regal.	❑ I
Sie haben ihn doch selber weggestellt. Wissen Sie das nicht mehr?	❑ B
Warum fragen Sie immer mich, dafür bin ich nicht zuständig.	❑ S
Seien Sie zukünftig ordentlicher.	❑ A
Mitarbeiterin zu ihrem Vorgesetzten auf die Bitte, einen Vorgang auf eine bestimmte Art abzuwickeln: »Das haben wir noch nie so gemacht.«	
So wird bei uns nicht gearbeitet.	❑ I
Sie machen merkwürdige Vorschläge.	❑ B
Ich bin mit diesem Vorschlag nicht einverstanden.	❑ S
Können Sie es nicht lassen, wie es war?	❑ A
Die Reaktion des Chefs darauf:	
Warum haben Sie das noch nie so gemacht?	❑ I
Sie lehnen immer alle Vorschläge ab.	❑ B
Ich habe mir das gut überlegt, ich weiß, was ich tue.	❑ S
Verfahren Sie bitte in meinem Sinne.	❑ A
Ein Mitarbeiter zu den Ausführungen seines Kollegen: »Was bedeutet denn ökonomische Relevanz?«	
Was heißt ökonomische Relevanz?	❑ I
Sie benutzen oft Fremdwörter. Das macht Sie nicht gerade sympathisch.	❑ B
Ich kann damit nichts anfangen.	❑ S
Bitte erklären Sie diesen Begriff.	❑ A

Wie oft haben Sie was angekreuzt? Zählen Sie Ihre Kreuze zusammen!

I = Information/Sachaspekt:	______ Kreuze
B = Beziehungsaspekt:	______ Kreuze
S = Selbstkundgabeaspekt:	______ Kreuze
A = Appellaspekt:	______ Kreuze

Testauswertung

Sicherlich haben Sie verschiedene Bereiche angekreuzt. Die Ebene, auf der Sie die meisten Kreuze haben, ist jeweils Ihre Lieblingsebene. Auf diesem Ohr hören Sie am besten und vermutlich reden Sie mit diesem Schnabel auch am meisten. Wie Sie Ihre Fähigkeiten auf den anderen Ebenen ausbauen können, erfahren Sie in den Kapiteln zu den einzelnen Soft Skills.

Das Verhaltensmodell nach Riemann

Die nächste Methode, mit der wir Ihnen die Selbsteinschätzung erleichtern wollen, ist die Einordnung der Persönlichkeit in Grundstrebungen, wie sie Fritz Riemann vorgenommen hat. Dieses Modell gibt Ihnen Hinweise darauf, wo Ihre Stärken und Schwächen liegen. Und Sie werden erkennen, in welchen Bereichen (Quadranten) Sie Ihre Potenziale noch ausbauen können.

Die vier Grundstrebungen im Riemann-Modell

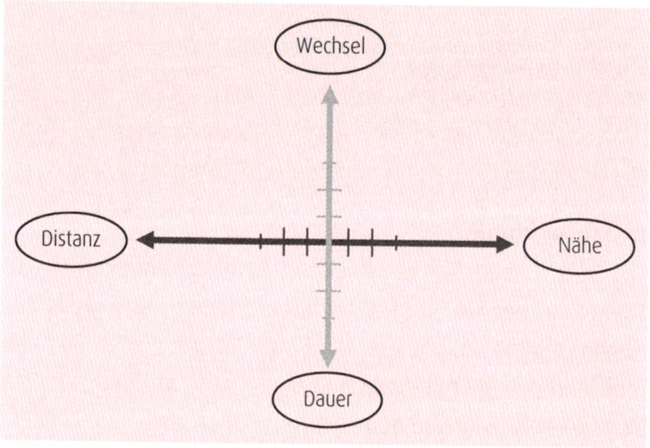

Riemann geht von zwei Dimensionen aus, in denen er die sogenannten Grundstrebungen im menschlichen Verhalten einschätzt. Diese Dimensionen sind gekennzeichnet durch jeweils zwei sich gegenüberstehende Pole: »Nähe« versus »Distanz« und »Wechsel« versus »Dauer«. Daraus ergibt sich das sogenannte Riemann-Kreuz (siehe oben stehende Abbildung).

> Beim Riemann-Modell geht es nicht darum, Menschen auf ein bestimmtes Verhalten festzulegen und Schubladendenken zu fördern, sondern darum, Orientierungshilfe in menschlichen Beziehungen zu erhalten. Das Modell soll Verständnis füreinander wecken und den Umgang miteinander erleichtern.

Sind Sie ein Nähe- oder Distanzmensch?

Finden Sie zunächst heraus, welcher Grundstrebung Sie auf der Ebene »Distanz – Nähe« zuneigen. Vielleicht wollen Sie auch Personen aus Ihrem Umfeld entsprechend einschätzen? Die folgenden Beschreibungen betreffen die Pole, also die äußersten Extreme, dazwischen gibt es natürlich Abstufungen.

Wie verhalten sich »Nähemenschen«?

»Nähemenschen« erkennen Sie an ihrer empathischen Grundhaltung: Sie sorgen sich immer um ihr Gegenüber, interessieren sich für die Probleme ihrer Mitmenschen und verhalten sich meist ausgleichend und verständnisvoll, weil sie sich einfühlen können.

BEISPIEL

Ihr Kollege begrüßt Sie am Montagmorgen nicht nur mit freudigem Lächeln, sondern fragt Sie auch gleich: »Wie geht's? ... Wie war Ihr Wochenende?« Haben Sie ihm geantwortet, fährt er fort: »Wie sieht denn die Woche aus? Was müssen wir alles gemeinsam bewerkstelligen?«

Menschen mit ausgeprägter Nähestrebung arbeiten gerne mit anderen zusammen und sind meist ideale Teamplayer. Auch privat bewegen sie sich gerne in Gruppen. Der Nähemensch wird sich in Ihrer Firma, Abteilung oder Organisation um eine Geburtstagsliste kümmern. Er wird es sein, der zum jeweiligen Termin die Gelder einsammelt, das Geburtstagsgeschenk besorgt und dem Geburtstagskind den Arbeitsplatz schön herrichtet. Wenn sich in Ihrem Team zwei Menschen miteinander streiten, dann wird es der Nähemensch sein, der sich darum bemüht, Kontakt und Harmonie wieder herzustellen. Konflikten geht er gerne aus dem Weg und es fällt ihm schwer, Nein zu sagen.

BEISPIEL

Selbst am Freitagnachmittag werden Sie einen Mitarbeiter oder Kollegen dieses Typs noch um den Gefallen bitten können, für Sie zwei Stunden länger da zu sein oder Sie zu vertreten. Der Nähemensch wird diese Bitte – sollten Sie sie mit der gebotenen Dringlichkeit vortragen – auch dann nicht abschlagen, wenn ihm die Arbeit selbst bis zum Hals steht, sondern zähneknirschend versprechen: »Das kriege ich schon irgendwie hin.«

Dieses Verhalten führt unter Umständen dazu, dass der Nähemensch Konflikte nicht offen austrägt. Das merken Sie bestenfalls daran, dass er ruhiger und weniger kontaktfreudig auftritt. Dafür sendet er vielleicht auf der nonverbalen Ebene Signale aus, zeigt ein trauriges oder missmutiges Gesicht. Sprechen Sie ihn darauf an (»Sag mal, was ist denn los?«), bekommen Sie nicht unbedingt eine ehrliche Antwort. Was aber nichts damit zu tun hat, dass der Nähemensch nicht aufrichtig wäre; es ist eben nicht seine Stärke, klar zu sagen, was ihm nicht passt. Er wird eher ausweichend reagieren (»Ach, es ist nichts ...«). Kurz, er kann Probleme ganz wunderbar unter den Teppich kehren.

Wie verhält sich ein »Distanzmensch«?

Den »Distanzmenschen« erkennen Sie daran, dass er am Montagmorgen freundlich grüßend an der Schar der zusammenstehenden Kollegen vorbeizieht und sich sogleich an seinen

Arbeitsplatz begibt. Dort beginnt er sich einzurichten und legt los. Wenn die anderen ihn ansprechen (»Mensch, komm doch mal rüber, wir schauen gerade Urlaubsfotos an«), dann wird er entgegnen: »Ja, ja, ich mach das hier erst noch fertig und komme dann.«

Der Distanzmensch trifft seine Entscheidungen eigenständig; eine Tatsache, die mitunter dazu führt, dass er vergisst, diese mit anderen Betroffenen abzusprechen. Ganz anders als der Nähemensch, der seine Entscheidungen gerne mit Vertrauenspersonen bespricht. Wenn der Distanztyp Schwierigkeiten hat, dann wundern Sie sich bitte nicht darüber, dass er eines Tages plötzlich vor Ihnen steht und Ihnen die Lösung präsentiert für ein Problem – von dem Sie bislang noch gar nichts wussten. Ein solches Verhalten löst natürlich häufig Missverständnisse aus.

> Menschen mit Distanz-Neigung achten generell zuerst darauf, wie es ihnen selbst geht. Das mag egoistisch wirken, ist aber nicht so gemeint. Ihr Fokus ist eher nach innen gerichtet, erst in zweiter Linie interessiert es sie, wie andere Menschen über sie denken und zu ihnen stehen.

BEISPIEL

Stellen Sie einem Distanzmenschen am Freitag die Frage, ob er für Sie zwei Stunden länger arbeiten bzw. einen Job übernehmen würde, wird er Sie wahrscheinlich offen ansehen und Ihnen eine klare Absage erteilen. Für ihn ist es nämlich wichtiger, seine Arbeit zu schaffen und eigene Ziele zu erreichen, als sich mit anderen zu arrangieren.

Durch dieses Verhalten wirken Distanzmenschen häufig kühl, abweisend oder gar rivalisierend, auch wenn dies nicht immer in ihrer Absicht liegt. Sie können diesen Typus übrigens auch daran erkennen, dass er alles, was er tut, gern alleine tun – auch dies ist ein krasser Gegensatz zum Nähemenschen. Sie erweisen einem Menschen mit einer ausgeprägten Distanzstrebung also keinen großen Gefallen, wenn Sie ihn unter allen Umständen in ein Team zu integrieren versuchen. Er liebt es, eigene Verantwortungsbereiche zu haben, selbstständig entscheiden zu können, und übernimmt demzufolge auch gerne die Konsequenzen seines Handelns.

Wenn Nähe- und Distanzmensch zusammenarbeiten

Wenn ein Distanzmensch einem Nähemenschen einen Arbeitsauftrag gibt, diesen klar umreißt und ein bestimmtes Ergebnis in einer vereinbarten Zeit erwartet, so wird sich der Nähemensch sehr viel Mühe geben, dieses Resultat auch tatsächlich zu erreichen. Er wird im Zweifel sogar noch sehr viel mehr dafür tun, als eigentlich von ihm erwartet wurde. Wenn die beiden dann das Arbeitsergebnis besprechen, ist es durchaus möglich, dass dem Distanzmenschen die Mehrarbeit und Mühe des anderen überhaupt nicht auffällt, was Letzteren natürlich unglücklich macht, weil er sich mehr Wertschätzung erhofft hat.

> Die beiden gegensätzlichen Typen werden auf Dauer nur dann erfolgreich zusammenarbeiten, wenn sie lernen, darüber zu sprechen, was sie voneinander erwarten, und dabei akzeptieren, dass der andere anders ist.

Brauchen Sie Konstanz oder Abwechslung?

Was macht den »Dauermenschen« aus?

Kommen wir nun zur zweiten Dimension und der dritten Grundstrebung, der Strebung nach Dauer. Den »Dauermenschen« erkennen Sie daran, dass er, salopp formuliert, alles, was er tut, dauernd tut.

BEISPIEL

Da, wo er geboren wurde, stirbt er in aller Regel auch. Wenn er ein Haus baut, dann für immer, wenn er einen Arbeitsplatz hat, dann – so sein Wunsch – für immer. Wenn Sie den Lebensbereich eines Dauermenschen einmal gut kannten, ihn aber zehn Jahre lang nicht gesehen haben, werden Sie beim nächsten Besuch feststellen, dass alles noch genau an dem Platz steht, wo es auch damals schon stand.

Ein Dauermensch geht in hohem Maß systematisch und ordentlich vor; sein Schreibtisch ist stets aufgeräumt, die Schubladen sind wohl sortiert, die Ordner einheitlich beschriftet, alles hat seinen festen Platz. Er liebt klar umrissene Aufgaben, überschaubare Kompetenzen und Grenzen und wirkt in seinem Verhalten sehr berechenbar. Man kann sich hundertprozentig auf ihn verlassen. So hält er z. B. Verabredungen termingetreu ein. Sie erkennen ihn auch an einem strengen Lebensentwurf und daran, dass er i. d. R. genau weiß, was er will und was nicht. Wenn Sie einen Dauermenschen von etwas Neuem überzeugen wollen, machen Sie sich bitte auf Widerstand gefasst. Menschen mit dieser Grundstrebung mögen nämlich keine Veränderung. Auch spontane Reaktionen und schnell wechselnde Verhaltensweisen jagen ihnen eher Angst ein.

BEISPIEL

»Sag mal, was hältst du eigentlich davon, wenn wir das Cloud-Projekt mal ganz anders anfangen würden?« Mit diesen Worten stürmt Markus in das Büro seines Kollegen Walter. Doch der ist, nachdem Markus seine Idee vorgestellt hat, keineswegs Feuer und Flamme: »Wieso das denn? Das haben wir ja noch nie so gemacht.«

Solche Bedenken werden natürlich oft als Bremse empfunden, sind gleichwohl nicht per se unberechtigt. Denn der Vorteil des Dauermenschen ist, dass er neben einem unglaublichen Organisationstalent auch sehr systematisch vorgehen kann – was z. B. bei so mancher Entscheidung hilfreich ist. Wenn Menschen in dieser Grundstrebung merken, dass ihre Bedenken ernst genommen werden, sind sie ferner durchaus bereit und in der Lage, Veränderungen mit zu tragen.

Die Grundstrebung nach Wechsel

Den typischen »Wechselmenschen« erkennen Sie im Gegensatz zum Dauermenschen daran, dass er bei nichts lange verweilt. Er zieht zum Beispiel gerne um, nimmt mit Vorliebe verschiedenartige Jobs an und findet alles, was neu ist, aufregend und spannend. Er ist für viele Herausforderungen zu begeistern und findet es eher langweilig, immer die gleichen oder zu leichte Aufgaben zu erledigen. Sein Arbeitsplatz sieht oft chaotisch aus. Menschen mit dieser Grundstrebung findet man häufig in kreativen Berufen, wo diese Fähigkeiten natürlich auch perfekt passen. Versuchen Sie nie, einen Menschen mit einer ausgeprägten Wechseltendenz in die Buchhaltung Ihres Unternehmens zu versetzen. Das Ergebnis wäre mit Sicherheit katastrophal. Der Wechselmensch wirkt häufig unzuverlässig und richtet gerne ein »kreatives Chaos« an. Bedingungslos verlassen sollten Sie sich auf ihn deshalb lieber nicht.

BEISPIEL

Machen Sie ihm eine Terminvorgabe, nimmt er diese zunächst einmal strahlend an. Auch auf die Frage, ob er das denn auch realistisch schaffen könne, wird er Ihnen immer begeistert antworten: »Ja, das bekomme ich schon hin.« Aber wenn es dann um die korrekte Abgabe geht, müssen Sie ihm häufig nachlaufen. Um Ausreden ist er nie verlegen. Er wird versuchen, mit Ihnen einen neuen Termin auszuhandeln.

Temperament und Charme des Wechselmenschen machen es dem Gegenüber oft unmöglich, ihm dauerhaft böse zu sein. Er ist auf seine Art witzig und unterhaltsam, so dass man zwangsläufig dazu geneigt ist, ihm immer wieder zu verzeihen. Mit einem solchen Menschen eine Beziehung einzugehen bedeutet allerdings, nie vor Überraschungen sicher zu sein. Denn die Entscheidungen, die er gestern getroffen hat, wirft er heute mit Bravour und einem freundlichem Lächeln im Gesicht wieder über den Haufen. Und hat dafür natürlich entsprechende Begründungen parat.

> Keine der Grundstrebungen hat für sich genommen nur positive oder nur negative Eigenschaften.

Was bestimmt Ihre Persönlichkeit?

Normalerweise haben wir in unserem Leben gelernt, alle Fähigkeiten aus allen Quadranten situationsadäquat einzusetzen.

Die verschiedenen Ausprägungen

Kein ausgesprochener Nähemensch etwa käme auf die Idee, seinem Chef nach dreiwöchiger Abwesenheit um den Hals zu fallen, weil er sich über seine Rückkehr riesig freut. Er hat natürlich gelernt, dass an dieser Stelle Distanzqualitäten vonnöten sind. Auch der Dauermensch hat gelernt, phantasievoll und ideenreich zu sein und seine eigenen Entscheidungen zu treffen, nur eben auf seine Art und Weise. Der Distanzmensch wiederum ist selbstverständlich in der Lage, Nähe zu produzieren. Und der Wechselmensch schließlich ist durchaus fähig, in seinen Lebensbereichen zuverlässig, systematisch und ordentlich zu sein.

Finden Sie Ihren Heimathafen

Es kommt jetzt darauf an – zunächst einmal für Sie selber –, herauszufinden, in welchem Ausprägungsgrad die unterschiedlichen Fähigkeiten vorhanden sind. Denken Sie daran, dass die Beschreibungen der vier Grundtypen übertrieben waren, um sie zu verdeutlichen. Sie kommen in dieser Reinkultur selten vor, es gibt viele Abstufungen. Sie werden sehr schnell feststellen, dass Sie von allem etwas haben – und sich deswegen vielleicht zum jetzigen Zeitpunkt überhaupt nicht dazu entscheiden können, sich irgendwo »einzuordnen«. Doch versuchen Sie es ruhig: Es geht hier um Ihren »Heimathafen«, die Fähigkeiten, die Sie besonders ausgeprägt beherrschen, die Ihnen tendenziell näher liegen und auf die Sie – das ist wichtig – in schwierigen Situationen zurückgreifen.

Machen Sie jetzt bitte ein Kreuz auf der Distanz-Nähe-Achse des Riemann-Kreuzes (siehe unten), dort, wo Sie sich tendenziell sehen. Tragen Sie dann das Kreuz auf der Achse »Wechsel – Dauer« ein. Verbinden Sie anschließend die beiden Kreuze miteinander. Damit haben Sie den Quadranten bestimmt, der die Grundstrebungen Ihrer Persönlichkeit beschreibt.

In der Beispielgrafik (siehe übernächstes Bild) entspricht die Grundstrebung dem Quadranten Nähe/Dauer. Menschen mit dieser Persönlichkeit haben also die Tendenz nach Nähe und Dauer. Die anderen Quadranten heißen entsprechend: Dauer/Distanz, Distanz/Wechsel, und Wechsel/Nähe.

Ihr Quadrant im Riemann-Kreuz

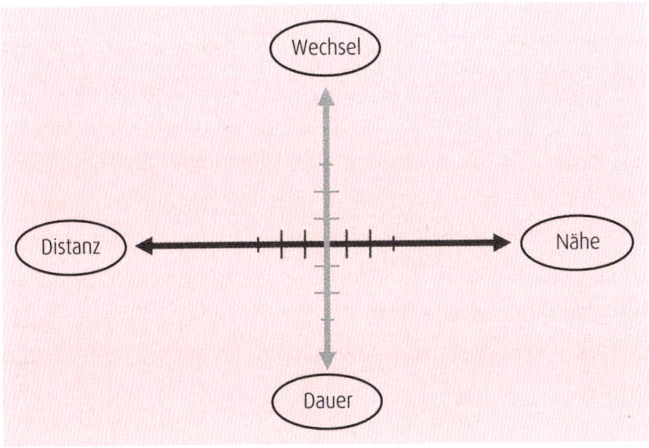

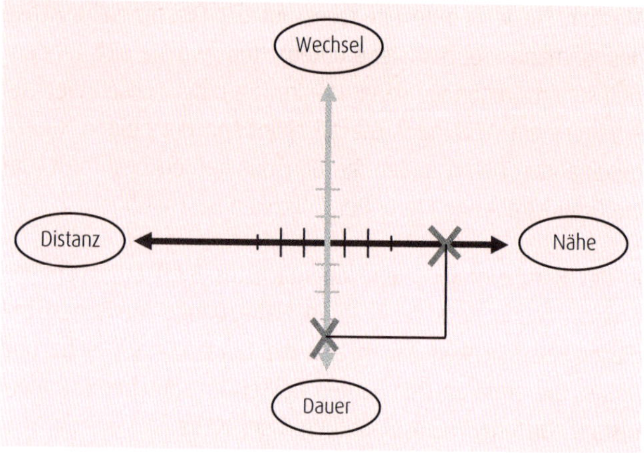

Stärken Sie Ihre positiven Seiten

Nun bekommen Sie vielleicht eine Idee davon, warum der eine oder andere Mensch, mit dem Sie privat oder beruflich zu tun haben, Ihnen mit seiner Art auf die Nerven geht. Wahrscheinlich kommt er aus einem anderen Quadranten und hat Eigenschaften, die Ihren Erwartungen z. B. im Umgang mit anderen oder in der Arbeitshaltung widersprechen. Sie können Konfliktsituationen entschärfen, indem Sie sich klarmachen, dass Ihre Grundstrebungen wie auch die des Partners, Kollegen, Mitarbeiters oder Vorgesetzten sowohl Licht- als auch Schattenseiten besitzen.

Licht- und Schattenseiten der Grundstrebungen

	Lichtseiten	Schattenseiten
Nähe	kontaktfähig, verständnisvoll, ausgleichend, anpassungsfähig, Teamplayer, vermeidet Spannungen	abhängig, kann nicht allein sein, nicht abgrenzungsfähig, konfliktscheu, aggressionsgehemmt
Distanz	eigenständig, entscheidungs- und konfliktfähig, kann sich abgrenzen, intellektuell	abweisend, distanziert, rivalisierend, aggressiv, rationalisierend, unpersönlich, arrogant
Dauer	pflichtbewusst, zuverlässig, systematisch, ordentlich, Organisationstalent	kontrollierend, unflexibel, starr, langweilig, zwanghaft, pedantisch
Wechsel	spontan, charmant, kreativ, temperamentvoll, unterhaltsam, Improvisationstalent	unzuverlässig, unsystematisch, sprunghaft, theatralisch, leichtsinnig

Das Zusammenlegen der Modelle

Jetzt wissen Sie, zu welchem Sprach- und Hörtyp Sie gehören (Modell von Schulz von Thun) und welche Eigenschaften Ihnen Ihren Heimathafen zuweisen (Grundstrebungen nach Riemann). Für die nächsten Kapitel, in denen wir einzelne wichtige Soft Skills untersuchen, kombinieren wir diese Modelle. So können Sie gezielt Ihre Fähigkeiten einordnen.

Kombination der Modelle

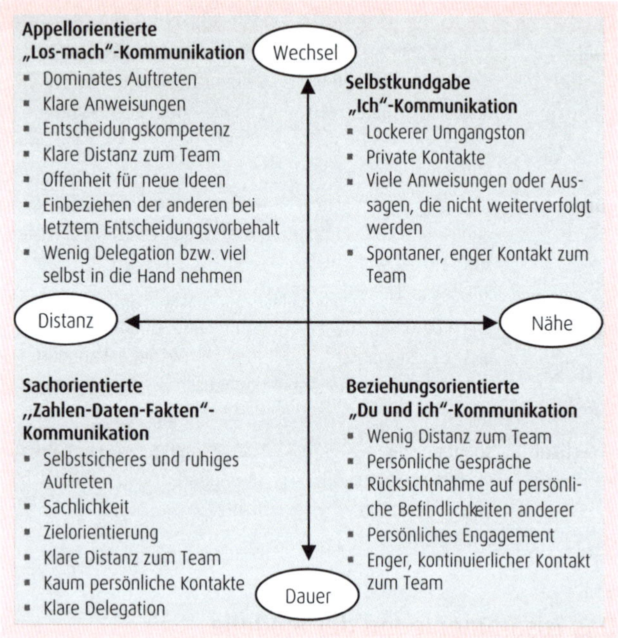

Wenn Sie sich zum Beispiel im Quadranten Nähe/Dauer befinden, können Sie Ihre Neigung im Hören und Sprechen ableiten, nämlich ein beziehungsorientiertes Kommunikationsverhalten. Je weiter Sie von der Nähe-Dimension wegkommen, desto höher wird der Sachanteil in Ihrer Kommunikation. In der folgenden Darstellung und Analyse der wichtigsten Soft Skills werden wir auf die dargestellten Persönlichkeitsmerkmale immer wieder zurückkommen.

Kommunikative Kompetenz

Ihre Kommunikationsfähigkeit hilft Ihnen, Konsens herzustellen und Verständnis für Ihre Ziele und Wünsche zu erzeugen. Unter Kommunikation versteht man den wechselseitigen Austausch von Gedanken in Wort, Schrift oder Bild. Kommunikative Fähigkeiten wie Ausdruck oder Modulation vernachlässigen wir an dieser Stelle. Wir widmen uns in diesem Kapitel dem Wort und dessen Wirkung nach dem Sender-Empfänger-Prinzip. Dieses setzt voraus, dass der Sender dafür verantwortlich ist, wie seine Aussagen verstanden werden. Ein gutes Kommunikationsverhalten ist in der Außenwirkung als erstes dadurch gekennzeichnet, dass Sie zum passenden Zeitpunkt das Richtige sagen oder im richtigen Moment schweigen. Hört sich leicht an – aber jeder kennt Situationen, in denen man spürt, dass das Gegenüber zwar höflich nickt, jedoch kein echtes Interesse zeigt, oder Situationen, in denen man mit dem, was man sagt, sofort auf Widerstand stößt.

Kommunikative Kompetenz beweisen Sie außerdem dadurch, dass Sie den Unterschied zwischen dem, was Sie sagen, und dem, was Sie eigentlich meinen, so klein wie möglich halten. Wir sagen zu anderen Menschen häufig Dinge wie zum Beispiel: »Der Kaffee ist alle!«, und meinen damit auf der Selbstkundgabeseite: »Ich hätte gerne noch eine Tasse Kaffe.« oder auf der Appellseite »Koch doch (bitte) neuen Kaffee.« oder auf der Beziehungsebene »Du hast vergessen, welchen zu kaufen!«. Je nachdem, auf welchem Ohr Ihr Gegenüber hört, fasst er diesen Satz anders auf.

> Kommunikative Störungen entstehen oft dadurch, dass der Sender etwas anderes meint als er sagt und der Empfänger auf seinem »Lieblingsohr« hört und deshalb etwas hört, was der Sender gar nicht gemeint hat.

Es gilt also: Je klarer Sie sozusagen in das richtige Ohr Ihres Gegenübers kommunizieren, desto erfolgreicher und kompetenter wird Ihre Kommunikation

Kommunikative Kompetenz bedeutet weiterhin, den Spagat zwischen eigenen Gesprächsabsichten, aktivem Zuhören (verstehen und nachvollziehen, was der andere meint, siehe auch Unterkapitel »Einfühlungsvermögen«) und gelungenem Feedback so gestalten, dass Ihr Gegenüber das Gesagte mit Interesse zur Kenntnis nimmt und Sie versteht. Das funktioniert manchmal besser, manchmal schlechter – abhängig davon, welche Persönlichkeitstypen aufeinandertreffen.

Kommunikative Fähigkeiten gehören zu den wichtigsten Soft Skills – denn wir kommunizieren immer; selbst wenn wir nichts sagen, drückt beispielsweise unsere Körpersprache unsere Einstellung aus.

Check-up

Testen Sie Ihr Kommunikationsverhalten, indem Sie überprüfen, zu welchem Kommunikationsstil Sie neigen.

Kommunikationsverhalten der vier Persönlichkeitstypen

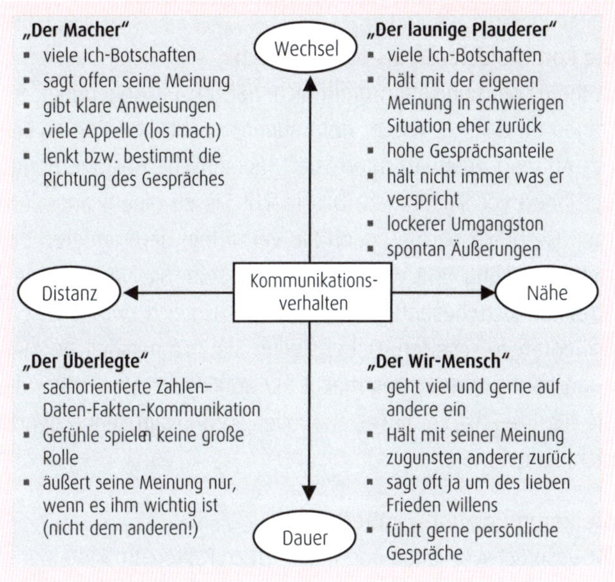

Sie kommunizieren als »launiger Plauderer«

Ihr Kommunikationsverhalten ist geprägt von Ihrer Stimmung. Ihre gute Laune wirkt ansteckend, ein kleiner Scherz kann nie schaden. Sie haben keine Schwierigkeiten, von sich persönlich und Ihren Vorhaben zu erzählen. Smalltalk fällt Ihnen genauso leicht wie private Gespräche. Sie unterhalten sich gerne und geben eine Vielzahl von Informationen weiter. Dabei kann es schon mal passieren, dass Sie heute etwas anderes über eine Sache sagen als morgen. Und sollte Ihre Laune mal nicht so gut sein, erfahren Ihre Mitmenschen dies auch sofort. Ihr Umgangston ist bevorzugt locker und (meistens) freundlich.

Sie kommunizieren als »Wir-Mensch«

In Ihrer Kommunikation dreht sich viel um Ihr Gegenüber. Sie fragen oft danach, wie es dem anderen geht, und sind an seiner Antwort ernsthaft interessiert. Persönliche Belange gehen bei Ihnen vor Sachfragen. Das macht Sie zu einem angenehmen Gesprächspartner, denn Sie vermitteln dem anderen das Gefühl, wichtig und wertgeschätzt zu sein. Sie verstehen es, Streithähne zu besänftigen und einen Ausgleich zwischen Kontrahenten zu schaffen. Dabei stellen Sie Ihre persönliche Meinung häufig zurück. Das macht Sie anfällig für Menschen, die Sie für Ihre Zwecke einsetzen wollen, denn Nein-Sagen gehört nicht zu Ihren Stärken.

Sie kommunizieren »überlegt«

Ihr Gesprächsverhalten orientiert sich an Fakten. Im Mittelpunkt steht zunächst die Sache an sich und weniger die gefühlsmäßige Einschätzung der Dinge. Aus diesem Grund äußern Sie Ihre Meinung auch nur dann, wenn Sie es für geboten halten. Dieser Kommunikationsstil ist in Verhandlungssituationen und überall dort, wo sachliche Aspekte im Vordergrund stehen, sehr hilfreich. Allerdings gestaltet sich der Kontakt zu Menschen, die im Quadranten Nähe/Dauer oder Wechsel/Nähe stehen, mitunter schwierig. Denn diese legen Wert auf den emotionalen Gehalt in Gesprächen, was bei Ihnen schon mal Irritationen auslösen kann, weil es Ihrer Ansicht nach lediglich vom Wesentlichen ablenkt. Die Gegenseite wiederum vermisst bei Ihnen die gefühlsmäßige Betrachtung und kann Sie als Mensch oft nicht verstehen.

Sie kommunizieren als »Macher«

Wer sich mit Ihnen unterhält, erfährt relativ schnell das Wesentliche. Es fällt Ihnen leicht, klipp und klar zu sagen, was Sie persönlich wollen und was nicht. Ihr Kommunikationsstil ist geprägt von deutlichen Aussagen oder Anweisungen, um die Dinge ins Rollen zu bringen. In Gesprächen stehen Sie häufig im Mittelpunkt des Geschehens und geben der Diskussion die Richtung. Dabei kann es aber auch passieren, dass Sie quasi aus Versehen oder im Eifer des Gefechtes andere mit Ihrem Tempo überrollen und deren Meinung oder Vorstellung unberücksichtigt lassen. Das nehmen Sie jedoch in Kauf für das Gefühl, etwas bewegt zu haben.

Push-up

Zunächst: Zum einen steigern Sie Ihre kommunikative Kompetenz schon dadurch, dass Sie sich über die Störungen, die aus dem Unterschied zwischen »sagen« und »meinen« entstehen, bewusst machen und stets berücksichtigen, wenn Sie mit jemandem sprechen. Zum anderen kommt es bei der Verbesserung dieses Soft Skills darauf an, das Spektrum der eigenen Kommunikationsmöglichkeiten zu erweitern, egal in welchem Quadranten Sie sich eingeordnet haben.

> Sie kommunizieren am erfolgreichsten, wenn Sie alle positiven kommunikativen Verhaltensweisen aus den Riemann-Quadranten situativ richtig einsetzen.

Der »launige Plauderer«

Behalten Sie den Gute-Laune-Faktor bei und achten Sie darauf, Ihre Umwelt gezielt über das, was Sie möchten, zu informieren – unabhängig von Ihrer persönlichen Verfassung! Kurzweiliges Geplauder ist ganz nett, bringt Sie aber schnell in den Ruf eines Schwätzers. In der Konsequenz nimmt Ihre Umwelt Sie weniger ernst. Halten Sie sich also etwas zurück. Wenn Sie auf Menschen aus dem Distanz/Dauer-Quadranten treffen, ist es hilfreich, sich auf eine reine Zahlen-DatenFakten-Kommunikation zu beschränken. Andernfalls werden Sie merken, wie das Interesse für Sie und Ihr Anliegen spürbar nachlässt.

Der »Wir-Mensch«

Bleiben Sie so interessiert an den Menschen und den Dingen, die sie beschäftigen. Geben Sie jedoch darauf Acht, Ihre eigene Meinung deutlich herauszustellen (auch wenn es schwerfällt). Ihre Umwelt wird vielleicht zunächst erstaunt reagieren, da sie dieses Verhalten von Ihnen nicht gewohnt ist. Machen Sie sich vor Gesprächsbeginn klar, welches Ziel Sie erreichen möchten. Lernen Sie sich abzugrenzen. Die Bitte eines Kollegen um Unterstützung dürfen Sie hin und wieder mit einem freundlichen »Es tut mir Leid, das geht jetzt nicht« ablehnen. Achten Sie beim Kontakt mit anderen darauf, die Sachebene im gleichen Maß zu betonen wie die Beziehungsebene.

Der »Überlegte«

Nutzen Sie Ihre Stärke, sachorientiert zu kommunizieren, auch weiterhin, aber achten Sie darauf, in welchen Situationen Sie diese zum Einsatz bringen. Eine Vielzahl von Gesprächen (mit Menschen aus anderen Quadranten) zielt auf den Austausch von Meinungen und Einstellungen ab, was wiederum von Bedeutung für Ihre Position am Arbeitsplatz sein kann. Bringen Sie sich als ganze Person mit Ihren Gefühlen und Ansichten deutlicher ein, damit andere Sie klarer fassen und einschätzen können. Kommunikation beruht auf Gegenseitigkeit. Das setzt voraus, dass Sie nicht nur Ihre Ziele, sondern auch die Ihres Gegenübers für wichtig erachten.

Der »Macher«

Profitieren Sie von Ihrer Stärke, die Dinge auf den Punkt zu bringen, nachdem Sie die Meinungen und Einstellungen aller Betroffenen eingeholt haben. Sie kommunizieren jedoch erfolgreicher, wenn Sie den anderen zu verstehen geben, dass sie am Geschehen beteiligt sind. Setzen Sie Ihre Meinung nicht ständig durch. Sie vermitteln Ihren Mitmenschen ansonsten das Gefühl, nicht wichtig zu sein, und lösen damit am Ende nur Widerstände aus. Da Sie gerne über sich selbst sprechen, achten Sie darauf, immer auch den anderen nach seiner Haltung, Einstellung oder Meinung zu fragen.

Selbstbewusstsein

Selbstbewusstsein ist neben Einfühlungsvermögen (siehe gleichnamiges Unterkapitel) wesentliche Grundlage für gelingende Kommunikation und das Zusammenleben von Menschen. Wer nicht weiß, wer er ist, wer sich nicht selbst annimmt, kann auch kaum empathische Fähigkeiten entwickeln. Das Gespür für andere setzt ein Gespür für sich selbst voraus.

Was ist Selbstbewusstsein?

Selbstbewusst zu sein bedeutet,

- sich selbst bewusst wahrzunehmen, den eigenen Körper, die eigenen Empfindungen, die eigenen Emotionen,
- die eigenen Stärken und Schwächen zu kennen,
- sich seiner Grenzen, vor allem aber seiner Ressourcen im körperlichen, seelischen und geistigen Bereich bewusst zu sein und diese gezielt einzusetzen und weiterzuentwickeln,
- sich als eigenständige und ganzheitliche Person, als Individuum (individuum = unteilbar), gerade in der Abgrenzung zu anderen zu erkennen.

Ist selbstbewusst, wer sicher auftritt?

Selbstbewusstsein wird im heutigen Sprachgebrauch häufig spontan mit »selbstsicherem Auftreten« gleichgesetzt. Letzteres drückt sich z.B. durch eine aufrechte und offene Körperhaltung aus. Selbstbewusstsein wird assoziiert, wenn ein Mensch sich nicht verunsichern lässt, wenn er stark und überzeugend wirkt. Auch Durchsetzungsfähigkeit und Konfliktstärke sowie klare Orientierung im Leben werden mit Selbstbewusstsein verbunden. Dies sind äußere Anzeichen von Sicherheit und Stabilität, die aber nicht gleichbedeutend mit Selbstbewusstsein sein müssen. Es hängt davon ab, ob jemand eine aufgesetzte Selbstsicherheit zeigt, d.h. nicht souverän, sondern eher starr und unflexibel ist, oder ob er durchgehend mit sich im Reinen ist. Meistens offenbart sich der Unterschied in Druck- oder Stresssituationen.

BEISPIEL

Helmut Mauser gilt als eine zielstrebige, mitarbeiterorientierte Führungskraft. Die Mitarbeiter können mit allen Belangen zu ihm kommen. Im Zuge einer Restrukturierungsmaßnahme steht die Stelle von Helmut Mauser zur Disposition. Er ändert daraufhin sein Verhalten. Er wirkt verschlossen und zieht sich zurück. Die Mitarbeiter stellen fest, dass ihr Vorgesetzter auf seinen Standpunkten beharrt, nicht mehr auf sie eingeht und unflexibel geworden ist. Er wirkt jetzt unnahbar und in sich gekehrt. Sein bis dahin geschätzter Blick für die Interessen der Angestellten kehrt sich ins Gegenteil. Er übergeht permanent die Bedürfnisse seiner Leute.

Echtes Selbstbewusstsein wirkt authentisch. Wäre Helmut Mauser wirklich selbstbewusst, würde er sich nicht zurückziehen, ohne sein Verhalten für seine Mitarbeiter nachvollziehbar zu machen, ihnen die Lage zu erklären. Er hätte seine Situation reflektiert und sein Benehmen überprüft.

BEISPIEL

Im Coaching, zu dem sich Helmut Mauser entschließt, nachdem ihm sein Chef die Verhaltensänderung vorgeworfen hat, reflektiert er sein Auftreten. Er kommt zu dem Ergebnis, dass sein Verhaltensmuster »wenn ich unter Druck gerate, muss ich mich von den Menschen zurückziehen« aus seiner

Kindheit stammt. Sein Vater war starker Choleriker, dem man nichts recht machen konnte. Er wurde auch gegenüber Unbeteiligten ungerecht und bedrohte sie. Helmut Mauser hat schon früh gelernt, dass es für ihn besser sei, sich schnellstmöglich aus solchen Bedrohungssituationen zurückzuziehen und in Sicherheit zu bringen. So hat er ein Verhalten gelernt, das für ein minderjähriges Kind sinnvoll war. Dieses Muster verselbstständigte sich. Er zog sich immer in sein »Schneckenhaus« zurück, wenn er sich durch andere Menschen oder die Situation verunsichert fühlte.

Erst im Coaching erkennt er, dass dieses damals »erfundene« und situationsgerechte Verhalten heute nicht mehr angemessen ist. Er merkt, dass er sich unbewusst im Quadranten »Nähe/ Dauer« eingerichtet hat und Konflikte vermeidet aus Angst vor mangelnder Wertschätzung anderer. Auf der Suche nach Verhaltensalternativen sieht er sich in den verschiedenen Feldern des Riemann-Kreuzes um und stellt fest, dass andere Menschen die Situation völlig anders einschätzen und auch anders darauf reagieren würden. Die Erkenntnis, dass äußere Schwierigkeiten nicht ihn als Person meinen, er bisher Persönliches und Sachliches vermengt hat, führt ihn zu einer neuen Einstellung. Er ist jetzt in der Lage, seinen Vorgesetzten um ein Gespräch über seine Möglichkeiten im Unternehmen zu bitten und sich seinen Mitarbeitern gegenüber wieder offen zu zeigen.

Die Reflexion seiner Entwicklung verhilft Helmut Mauser zu der Einsicht, wie es zu seinem Verhalten kam und wo er ansetzen muss, um es zu verändern. Er kann mit dieser Bewusstwerdung seine heute ungeeigneten Reaktionen ablegen und wieder zu einem kooperativen Führungsstil zurückkehren – obwohl sich die äußeren Umstände nicht geändert haben. Zusätzlich hat er jetzt erneut die Unterstützung der Kollegen und seine Vorgesetzten erkennen wieder seine Stärken. Helmut Mauser ist sich im Coaching seiner selbst bewusster geworden. Er kann sich sein Verhalten jetzt deutlich machen, es erklären und ändern.

Selbstbewusstsein ist ein Prozess

Die Entwicklung des Selbstbewusstseins beginnt (im Grunde) am Tag der Geburt. Zu diesem Zeitpunkt fängt der Mensch an, sich eine »Meinung« darüber zu bilden, wer er ist, was er kann, wohin er geraten ist und wer die anderen sind. Allerdings braucht das Kind eine Zeit lang, bis es zwischen sich und den anderen unterscheiden kann. Aber bereits von Geburt an entwickeln sich Verhaltensweisen und Einstellungen als unbewusste Reaktionen auf die Selbstwahrnehmung, das Verhalten anderer und die Umwelt, in die es hinein geboren wurde. Langsam erkennt sich der Mensch als Person und wird sich seiner bewusst – ein schleichender und einzigartiger Vorgang, den jeder Mensch durchläuft. Der Prozess des Selbstbewusst-Werdens hört Ihr ganzes Leben lang nicht auf, sofern Sie sich gezielt darum kümmern.

Check-up

Kennen Sie sich? Sind Sie sich Ihres Selbst bewusst? Überspitzt gesagt: Leben Sie Ihr (eigenes) Leben? Wenn Sie sich mit Ihren Soft Skills auseinandersetzen, werden Sie immer wieder an Ihre Grenzen stoßen – an Ihre heutigen persönlichen Grenzen. Das hat leider oft zur Folge, dass Sie sich mehr mit Ihren Unzulänglichkeiten und Ihren Schwächen beschäftigen als mit Ihren Stärken. Sie erleben dann das Mangelgefühl, der Situation, dem Vorhaben oder den Anforderungen nicht gewachsen zu sein, und es entsteht das Bedürfnis, dieses Gefühl zu überwinden.

Mit den eigenen Schwächen umgehen

Erkennen Sie Ihre Strategie, mit der Sie versuchen, Situationen zu entkommen, in denen Sie sich unzulänglich fühlen? Könnte es sein, dass Sie im Alltag Verhaltensmuster verwenden, die in früherer Zeit (z. B. in der Kindheit) nützlich waren, es heute aber nicht mehr sind?

> Lösungen der Vergangenheit sind häufig keine Strategien für die Gegenwart.

Das Riemann-Modell ist eine Methode, die Ihnen Aufschlüsse über die Grundstrebungen Ihrer Persönlichkeit gibt. Erkennen Sie die Licht- und Schattenseiten an sich selbst und überlegen Sie, wie und wann sich diese Charakteristika geprägt haben könnten. Wenn Sie diese Ursprünge entdecken, fällt es Ihnen leichter, die Rollen der Vergangenheit abzulegen, so wie Helmut Mauser seine Kind-Rolle abgelegt hat

Push-up

Zum Verbessern des Selbstbewusstseins gehört mehr als die Erkenntnis, dass es einer Stärkung bedarf.

Probieren Sie sich aus

Entwickeln Sie ein Gespür dafür, wann Ihr vertrautes Verhalten der Situation nicht gerecht wird, und leiten Sie alternative (Verhaltens-)Ziele daraus ab. Das gelingt Ihnen am besten, wenn Sie Ihre Einstellung bestimmten Tatsachen und Personen gegenüber ändern. Dabei hilft Ihnen das Riemann-Modell: Schauen Sie sich hier alternative Reaktionsweisen an und probieren Sie sie aus. Geben Sie sich dafür Zeit. Gehen Sie nicht so hart mit sich ins Gericht, wie Sie es mit keinem anderen tun würden. Behandeln Sie sich selbst freundlich.

Akzeptieren Sie auch Ihre Schattenseiten

Legen Sie überholte Erwartungen und alte Glaubenssätze ab. Sie müssen z.B. nicht dauernd der »supernette Kollege« sein. Sie können auch ständige Mechanismen der Verteidigung ablegen. Gestehen Sie sich ein, dass Sie sowohl positive als auch negative Seiten haben. Nehmen Sie beide an und setzen sich mit ihnen wohlwollend und gelassen auseinander. Erst wenn Sie sich alle Seiten Ihrer Seele bewusst machen, sind Sie in der Lage, mit ihnen so umzugehen, wie Sie es wollen. Jetzt können Sie sich die Frage stellen: Wer will ich sein?

Ziehen Sie Bilanz und setzen Sie sich Ziele

Ziehen Sie einmal Bilanz über Ihr Leben: Überlegen Sie, wo Sie jetzt stehen und was Sie daraus für die Zukunft ableiten:

- Was haben Sie bis heute auf dieser Welt für einen Eindruck hinterlassen?
- Wodurch prägt sich dieser Eindruck?
- Wollen Sie daran etwas verändern?
- Welchen Eindruck sollen andere von Ihnen haben, wenn Sie sechzig Jahre alt sind?

Besinnen Sie sich auf Ihre Stärken

Veränderungen gelingen dann besonders leicht und nachhaltig, wenn sie mit Ihren Talenten verbunden sind. Denn Talente sind natürlich vorhandene Begabungen, die die Zeit überdauern. Sie stellen ausgezeichnete Ressourcen dar. Fähigkeiten sind erworben und können leicht vergessen werden – wenn sie nicht mit Begabungen verbunden werden.

Was sind Ihre Talente? Kreuzen Sie an und ergänzen Sie:

▪ Tatkraft		▪ Enthusiasmus	
▪ Vorstellungskraft		▪ Ausstrahlung	
▪ Vorsicht		▪ Intellektualität	
▪ Optimismus		▪ Überzeugungskraft	
▪ Behutsamkeit		▪ Leistungsbereitschaft	
▪ Kontaktfreude		▪ Kreativität	
▪ Integrität		▪ Gerechtigkeit	
▪ Orientierungssinn		▪ Synergetik	
▪ Wissbegierde		▪ Ausdauer	
▪ Flexibilität		▪ Genauigkeit	

Nehmen Sie Ihre Stärken wahr und setzen Sie sie gezielt für Ihre persönliche Weiterentwicklung ein. Erlauben Sie sich, so zu sein, wie Sie wirklich sind. Dann werden Ihnen vermutlich verschiedene Dinge bewusst werden:

- Vielleicht können Sie eine oder mehrere Rollen im Leben ablegen, die Ihnen bisher eine Bürde waren, und sich erleichtert und glücklicher fühlen.
- Sie erkennen möglicherweise, dass Sie sich und andere bisher getäuscht haben – etwa, dass Sie nur deshalb nett zu jemandem waren, um ihn für sich zu gewinnen.
- Sie finden eventuell heraus, dass Ihre Handlungen einer (früheren) Angst entsprangen. Sie hatten z.B. das (irrtümliche) Gefühl, sich schützen zu müssen.
- Vielleicht wird Ihnen klar, dass Sie (bisher unbewusst) andere schwächen, um sich selbst umso stärker fühlen zu können.
- Oder Sie stellen fest, dass Sie bislang Ihr Augenmerk vor allem auf das gerichtet haben, was »kaputt« ist, damit Sie Ihre eigentlichen Aufgaben wegschieben konnten.

Es ist nicht ganz leicht, sich mit diesen Fragen ehrlich auseinanderzusetzen. Wir leben nicht in Extremen, sondern viel häufiger in Graustufen. Wenn Sie sich aber mit diesen (und anderen Fragen, die Sie sich selbst stellen) bewusst beschäftigen, wird es immer weniger Situationen und Personen geben, die Sie an Ihrem blinden Fleck oder der sogenannten Achillesferse treffen. Sie werden selbstbewusst reagieren und darüber sprechen können. Sie kennen jetzt Ihre dunklen Seiten, aber vor allem sind Sie sich Ihrer Stärken bewusst.

> Wenn Sie selbstbewusst sind, können Sie zu Ihren Stärken und Schwächen stehen und auch andere mit ihren Eigenarten annehmen.

Einfühlungsvermögen

Einfühlungsvermögen (Empathie) ist die Fähigkeit und Bereitschaft, Menschen zu verstehen, ihr Verhalten, ihre Handlungen, Absichten, Bedürfnisse, Gefühle und Gedanken sowie die Zusammenhänge zwischen diesen zu begreifen. »Mit den Augen des anderen sehen, mit den Ohren des anderen hören und mit dem Herzen des anderen fühlen« – so hat der Psychologe Alfred Adler es ausgedrückt. Empathie bedeutet also,

- sich in andere hineinzuversetzen,
- zu spüren, was andere wollen,
- sich zu erklären, warum andere so und nicht anders reagieren, und
- die Wünsche, Bedürfnisse und Gefühle anderer Menschen zu registrieren und ernst zu nehmen.

Es liegt nahe, dass wir weder ohne Selbstbewusstsein noch ohne Empathie mit anderen Menschen in Gemeinschaft leben können. Deshalb sind diese beiden Soft Skills auch die Grundlage für alle weiteren. Sie bilden die Basis für das Kommunikationsverhalten (siehe Unterkapitel »Kommunikative Kompetenz«). Sowohl beim Check-up als auch beim Push-up werden Sie immer wieder mit Ihrem eigenen Selbstbewusstsein und Ihrer Fähigkeit zur Empathie konfrontiert.

Die Beziehung dominiert die Sache

Ein untrügliches Indiz für einen Mangel an Einfühlungsvermögen zeigt sich z.B. in Situationen, in denen Ihnen Vorhaben nicht gelingen, Sie nicht zu Ihrem Ziel kommen oder andere nicht begeistern können, obwohl es den Anschein hat, dass alle objektiven Bedingungen optimal sind. Auf der Sachebene stimmt die Vorbereitung und trotzdem klappt es nicht. Viel häufiger, als man denkt, scheitern Projekte und Beziehungen – privat wie beruflich – daran, dass kein ausreichendes Verständnis für die anderen Beteiligten vorhanden ist.

BEISPIEL

Die neue Partnerin der Gemeinschaftspraxis, Dr. Ulla Thiele, wird im kommenden Monat ihre Stelle antreten. Sie ist unter den Partnern gut bekannt und kennt auch schon einige Mitarbeiter der Abteilung, für die sie zuständig sein wird. Sie bringt ihre frühere Abteilungsleiterin, Ute Döhring, mit in die Praxis, da die bisher zuständige Kraft in absehbarer Zeit in den Ruhestand gehen wird. Um Frau Döhring einen guten Start zu verschaffen, führt Frau Thiele sie durch die Abteilungen und stellt sie den anderen Mitarbeitern vor. Noch am selben Tag entsteht eine große Unruhe und Verunsicherung in der Praxis. Es werden auf den Fluren aufgeregte Gespräche geführt und ein »Sumpf von Halbwahrheiten« tut sich auf.

Was ist geschehen? Die neue Ärztin hat sich nicht in die Mitarbeitern hineinversetzt: Sie hat sich nicht mit ihrem Informationsstand befasst. Denn es wurde noch nicht über den bevorstehenden Ruhestand der jetzigen Leitung informiert. Auch die Tatsache, dass eine neue Praxispartnerin in das Ärzteteam aufgenommen werden soll, ist bisher nicht allen Mitarbeitern bekannt. Das hat viele Fragen ausgelöst: Scheidet jemand aus? Für welchen Bereich wird sie zuständig sein? Wieso werden die beiden nicht von den älteren Praxispartnern vorgestellt? Frau Thiele kann deshalb die durch ihr gut gemeintes Vorgehen entstehenden Abwehrgefühle nicht erahnen. Es fehlt ihr an Empathie.

> Wer empathisch ist, kann andere leichter von seiner Sache überzeugen.

Empathie setzt Unvoreingenommenheit voraus

Das Ausmaß, in dem das vorhandene Einfühlungsvermögen eines Menschen in der Alltagswirklichkeit zum Tragen kommt, hängt von Voraussetzungen in der Person sowie von den Merkmalen der jeweiligen Situation ab. So reduziert sich z.B. gegenüber Menschen, mit denen man sich in einer konfliktreichen Beziehung befindet, häufig die Fähigkeit zur Einfühlung. In einem solchen Fall geht die Offenheit gegenüber den unterschiedlichen Seiten und Eigenschaften des anderen leicht verloren. Das Bild der Person verarmt, weil sich die Wahrnehmung auf die mit dem Konflikt zusammenhängenden Merkmale konzentriert. Das heißt, Empathie setzt gegenseitige Akzeptanz und Authentizität voraus.

Check-up

Empathie kann gelernt, weiterentwickelt und wieder gewonnen werden. Es fällt aber in der Regel schwer, das eigene Einfühlungsvermögen zu beurteilen. Rückmeldung erhalten Sie entweder direkt im Gespräch von Ihren Partnern oder, indem Sie die Erfahrungen auswerten, die Sie in Beziehungen zu anderen gemacht haben.

BEISPIEL

Redewendungen wie »Ich komme an ihn nicht heran«, »er wirkt auf mich verschlossen«, »ich begreife seine Verhaltensweise nicht« lassen darauf schließen, dass der Betreffende keine empathische Beziehung zu einem anderen aufbauen kann.

Wie empathisch sind Sie?

Um zu erfahren, wie es bei Ihnen mit diesem wichtigen Soft Skill steht, holen Sie sich am besten Feedback von Kollegen, Bekannten und Freunden. Fragen Sie dabei konkret nach, wie Ihre Gesprächspartner Ihr Einfühlungsvermögen einschätzen und wo sie Ihre Empathie bzw. den Mangel daran erlebt haben. Lassen Sie sich Beispiele nennen oder legen Sie die unten aufgeführten Fragen vor.

Ausprägung	++	+	0	-	–
Können Sie gut zuhören; unterbrechen Sie andere nicht oder selten?					
Realisieren Sie schnell, wenn sich Stimmungen verändern?					
Reagieren Sie auf die Vorschläge von anderen?					
Sind Sie geduldig und zugewandt?					
Sind Sie in der Lage, sich in die Situation und die Sichtweise anderer zu versetzen?					
Verstehen Sie die Handlungsweise anderer, auch wenn Sie diese für falsch halten?					
Wirken Sie sensibel für die Belange anderer?					
Zeigen Sie Gespür für Konfliktpotenziale im Team und regen zur Klärung an?					
Begegnen Sie Gesprächspartnern mit Aufmerksamkeit und ernsthaftem Interesse?					
Empfinden Sie Mitleid, wenn andere unfair behandelt werden?					
Können Sie anderen das Verhalten von Dritten erklären?					

Konnten Sie die meistens Kreuze auf der linken Seite machen? Dann haben Sie ausgeprägte empathische Fähigkeiten. Sollten Sie mehr Kreuze in der Mitte oder im rechten Bereich haben, ist es ratsam, etwas für die Weiterentwicklung Ihres Einfühlungsvermögens tun.

Push-up

Setzen Sie Ihr Ergebnis nun mit den Grundstrebungen Ihres Heimathafens in Verbindung. Die Ausprägungen Wechsel und Dauer sind hier weniger entscheidend als Distanz und Nähe. Die Ausführungen geben Ihnen Hinweise darauf, wie Sie Ihre empathischen Fähigkeiten ausbauen können:

Empathie im Riemann-Kreuz

	Distanz	Nähe
Die meisten Kreuze auf der rechten Seite (-/--)	Sie sind eine starke Persönlichkeit und Ihre empathische Seite ist typischerweise deutlich unterentwickelt. Sie sollten sich auf jeden Fall um mehr Einfühlsamkeit bemühen.	Eigentlich haben Sie aufgrund Ihrer Persönlichkeitsstrebung gute empathische Fähigkeiten. Gibt es Gründe, warum diese »versandet« sind? Finden Sie Behinderungen in Ihrer Umwelt heraus und legen Sie Ihre Empathie wieder frei.
Die meisten Kreuze auf der linken Seite (++/+)	Obwohl Sie ein »Distanz-Mensch« sind, haben Sie die Fähigkeit, sich gut in andere einzufühlen. Gelingt Ihnen dies auch unter Druck? Vielleicht können Sie das noch einmal überprüfen.	Sie sind ausgeprägt empathisch. Sie neigen aber dazu, sich selbst gegenüber anderen in den Hintergrund zu stellen. Lernen Sie, sich besser abzugrenzen. Prägen Sie Ihre Distanzqualitäten aus.

Jeder besitzt Einfühlungsvermögen

Einfühlungsvermögen besitzt grundsätzlich jeder Mensch. Die Empfindung, nicht einfühlsam genug zu sein, weist bereits darauf hin, dass Sie sich mit dem Thema befassen und nicht blind auf diesem Auge sind. Eine gute Ausgangsbasis! Bevor Sie sich in das Training stürzen, sollten Sie sich darüber klar werden, was eigentlich passiert, wenn wir etwas wahrnehmen und darauf reagieren. Wenn wir über das Verhalten von anderen Personen reden, haben wir bereits

- durch die eigene Brille wahrgenommen,
- nach unseren Erfahrungen interpretiert und
- reagieren mit unseren individuellen Verhaltensmustern.

Jeder sieht durch seine Brille

Sie merken schon, dass unsere Reaktionen auf den anderen sehr subjektiv sind. Der beste Weg, Ihr Einfühlungsvermögen zu steigern, besteht in der Einsicht, dass alles, was Sie bei einem anderen Menschen wahrnehmen, von Ihnen individuell »eingefärbt« ist. Sie können nie genauso denken, fühlen und handeln wie ein anderer Mensch. Dies liegt an der Einzigartigkeit jedes Individuums.

Deshalb ist es außerordentlich wichtig, dass Sie überprüfen, inwieweit Ihre Meinung über einen anderen Menschen auch dem entspricht, was dieser denkt und fühlt. Schon wenn wir die wahrgenommenen Gefühlsäußerungen in die eigenen Worte fassen, haben wir sehr subjektiv interpretiert und formuliert. Wir können eigentlich nur über Näherungen durch Versuch und Irrtum an die Denk- und Fühlweisen anderer Menschen herankommen.

Achten Sie auf alle Signale

Um Ihre Empathie zu trainieren, sollten Sie deshalb alle Kanäle benutzen, über die Sie Informationen zu Ihrem Gegenüber erreichen können. Achten Sie z. B. auf den Gesichtsausdruck, die Körperhaltung, die Gestik, die räumliche Distanz zu Ihnen, die Stimmlage, die Wortwahl. Hören, sehen, fühlen Sie auf den vier Ebenen der Kommunikation, um alles zu erfassen, was Ihnen Ihr Gesprächspartner (auch nonverbal) mitteilt. Nehmen Sie Wünsche, Absichten, Ziele, Freude, Glück, Hass, Zorn, Ängste, Sorgen wahr, auch wenn sich nur flüchtige Spuren davon zeigen.

> Es gibt vor allem drei Möglichkeiten, unser Gespür für die Bedürfnisse und Empfindungen anderer zu schärfen: durch Zuhören, durch Beobachten und durch die Vorstellungskraft.

Zuhören

Welche Probleme andere zu bewältigen haben, können Sie erfahren, wenn Sie ihnen aufmerksam zuhören. Je besser Sie zuhören, desto eher werden andere Ihnen gegenüber ihr Herz ausschütten und ihre Gefühle offenbaren.

BEISPIEL

Auf die Frage: »Wann können Sie mit Ihrem Chef am besten reden?« antwortet der Mitarbeiter: »Ich kann mit meinem Chef reden, wenn ich weiß, dass er mir zuhören wird. Ich will sicher sein, dass er mein Problem versteht. Mein Vertrauen zu ihm wächst, wenn er Fragen stellt, an denen ich erkenne, dass er auf das geachtet hat, was ich ihm erzählt habe.«

Zum aktiven Zuhören gehören einige Regeln:

- Versetzen Sie sich in die Situation Ihres Gesprächspartners.
- Widmen Sie Ihrem Gegenüber Ihre ungeteilte Aufmerksamkeit.
- Nehmen Sie sich Zeit für den anderen.
- Bemühen Sie sich, nicht gleichzeitig zuzuhören und selbst zu sprechen.
- Geben Sie durch Nicken oder zustimmende Laute wie »Mmh« Rückmeldung.

Beobachten

Nicht jeder wird Ihnen offen sagen, was er empfindet oder durchmacht. Als guter Beobachter wird es Ihnen aber auffallen, wenn ein Gesprächspartner frustriert erscheint, wenn ein Kollege zornig wird oder ein eifriger Mitarbeiter seine Begeisterung verliert. Es ist immer besser, wenn Sie ein Problem im Anfangsstadium erkennen.

BEISPIEL

»Es ist interessant«, erzählt Jonas Färber abends seiner Frau, »als ich heute im Team unsere schlechten Verkaufszahlen vorgetragen habe, hat jeder anders reagiert. Matthias ist in sich zusammengesunken, als wollte er sagen, der ganze Aufwand hat sich nicht gelohnt. Felix ist puterrot angelaufen, als wenn er ein schlechtes Gewissen hätte. Klaus verzog sein Gesicht, als ob er die Auswertung anzweifeln würde. Am schlimmsten fand ich aber Peters Reaktion. Der machte einen so überheblichen Eindruck, als wollte er sagen: Da siehst du es, du bist mit der Führung der Abteilung völlig überfordert. Den werde ich morgen erst mal nach seiner Meinung fragen. Ich möchte wissen, was er wirklich denkt.«

Vorstellungskraft gebrauchen

Der wirkungsvollste Weg, Ihr Einfühlungsvermögen zu vertiefen, besteht darin, sich zu fragen: Wie würde ich mich in dieser Lage fühlen? Wie würde ich reagieren? Was würde ich benötigen? Aber vergessen Sie nicht, dass es Ihre Antworten sind, die Sie sich auf diese Fragen geben. Überprüfen Sie Ihre Vorstellung so bald wie möglich.

BEISPIEL

Lars Schmidt hat vor kurzem das Team gewechselt. Die neuen Kollegen zeigen von Anfang an kein großes Interesse an ihm. In letzter Zeit kommt es immer häufiger vor, dass er den Ton, den sie ihm gegenüber haben, als rüde empfindet. Gestern fühlte er sich zum ersten Mal richtig ausgegrenzt. Jens, sein Zimmerkollege, beobachtet das Szenario mit wachsender Sorge. Schließlich entschließt er sich, seine Beobachtung preiszugeben und sagt in einer ruhigen Minute zu Lars »Sag mal, Lars, merkst du auch, dass die anderen in deinem Team so reserviert wirken und sich immer mehr zurückziehen? Ich würde mich, glaube ich, ziemlich unglücklich fühlen, wenn mir so etwas passieren würde.« Darauf antwortet Jens: »Da sagst du was. Ich hatte schon das Gefühl, dass ich mir das nur einbilde. Endlich mal einer, der das genauso empfindet.«

Den meisten Menschen fällt es leichter, Fehler zu kritisieren als Emotionen zu verstehen. Wenn Sie sich allerdings Mühe geben, sich vorzustellen, was Ihr Gegenüber empfindet, werden Sie eher mitfühlen als verurteilen und so dem anderen näher kommen.

BEISPIEL

Ein Gruppenleiter: »Ich kann meinen jungen Mitarbeitern viel besser unter die Arme greifen, wenn ich mich vorher nach ihren Sichtweisen erkundigt habe. Deshalb frage ich immer mehr, als dass ich selbst rede. Wenn ich aufmerksam zuhöre und mich bemühe, die Gesamtsituation zu verstehen, kann ich viel bessere Empfehlungen geben.«

Übung: Kontrollierter Dialog

Mit der folgenden kleinen Übung werden Sie feststellen, wie schwierig es ist, volles Verständnis für einen Gesprächspartner zu erreichen. Sie werden aber auch merken, dass dies eine hervorragende Methode ist, sein Einfühlungsvermögen zu verbessern: Suchen Sie sich einen Partner, der mit Ihnen diese kleine Übung durchführt. Vereinbaren Sie eine Zeit (ca. 10 Minuten) und stellen Sie sich einen Wecker. Wenn er klingelt, tauschen Sie die Rollen und fangen gleich noch einmal an.

1. Setzen Sie sich einander so gegenüber, dass Sie Blickkontakt halten können.
2. Nun beginnt einer von Ihnen etwas zu sagen. Es ist gar nicht so wichtig, was Sie sagen. Es geht nur darum, überhaupt etwas zu äußern. Reden Sie über das Wetter, über Ihren neuen Mantel oder über den Hund. Drücken Sie dabei auch Ihre Gefühle aus. Aber wählen Sie bitte für diese Übung keine heiklen Themen. Beschränken Sie sich zu Beginn auf einen längeren oder zwei bis drei kurze Sätze.
3. Die Aufgabe des anderen ist es jetzt, genau das zu wiederholen, was der Erste zuvor gesagt hat. Dabei geht es nicht darum, jedes Wort zu repetieren, sondern mit den eigenen Worten den Sinn und das Gefühl so genau wie möglich zu beschreiben. Beginnen Sie mit dem Satz: »Du sagst, dass ...« oder »du meinst, dass ...« bzw. »du fühlst dich ...« Sie werden merken, dass es umso schwieriger wird, je umfangreicher das Gesagte ist. Derjenige, der zuerst gesprochen hat, kann nicken, wenn er sich richtig wiederholt sieht, oder aber das Gesagte nochmals äußern, falls es falsch verstanden wurde.

4. Sie sollten nach der Übung kurz darüber reden, wie Sie diese empfunden haben. Aber seien Sie behutsam: Wenn wir spüren, dass unser Partner uns nicht richtig zuhört oder uns missversteht, können wir ziemlich wütend werden. Versuchen Sie, das Ganze wirklich als Übung zu sehen, und vermeiden Sie es, darüber zu streiten. Vermeiden Sie bitte Vorwürfe, Angriffe oder Kritik. Es geht hier darum, Verständnis füreinander zu entwickeln und Empathie zu üben.

Es ist manchmal hilfreich, am Anfang eine neutrale Person dabei zu haben, die als unbeteiligter Dritter die Wiederholungen objektiv überprüfen kann.

Teamfähigkeit

In jeder Stellenanzeige wird Teamfähigkeit gefordert. Wenn Sie in Ihrer Abteilung mehrere Kollegen fragen, was Teamfähigkeit bedeutet, werden Sie wahrscheinlich auf ein Phänomen stoßen: Alle werden vermutlich etwas sagen wie »Teamfähig zu sein, heißt, mit anderen erfolgreich zusammenzuarbeiten«. Aber wenn Sie dann in die Diskussion über die Bedeutung dieses Satzes einsteigen, kommen dahinter völlig unterschiedliche Vorstellungen zu Tage. Und das Kurioseste daran ist: Alle haben irgendwie Recht. Wahrscheinlich sind sich auch alle einig darüber, was schlechtes Teamverhalten ist – zum Beispiel wichtige Informationen zurückzuhalten oder sich mit den Erfolgen anderer zu schmücken usw. Trotzdem passiert so etwas immer wieder und löst Störungen aus. Teamfähigkeit im heute gebräuchlichen Sinne bedeutet:

- seine Rolle im Team zu erkennen und sich entsprechend der an diese geknüpften Erwartungen zu verhalten (siehe nachfolgende Tabelle mit der Rollenübersicht)
- sich kommunikativ auf seinen Gesprächspartner einzustellen und seine Interessen mit meinen zu verknüpfen,
- eigene Ideen zu entwickeln, dabei jedoch das Gesamtziel des Teams im Auge zu behalten und die eigenen Wünsche und Vorstellungen damit abzugleichen,
- gezielt Vertrauen zu Kollegen und Vorgesetzten aufzubauen (siehe Unterkapitel »Vertrauenswürdigkeit«) und mit entgegengebrachtem Vertrauen loyal umzugehen,
- sich im Konfliktfall fair und im Sinne des Gesamtziels zu verhalten (siehe die Unterkapitel »Kritikfähigkeit« und »Konfliktfähigkeit«).

Teamfähig zu sein bedeutet in der Summe, dass Sie möglichst viele positive Eigenschaften aus allen anderen Skills in Ihrem Verhalten vereinen und zeigen.

Check-up

Um sich selbst zu hinterfragen und festzustellen, wie teamfähig Sie sind, sollten Sie wissen, zu welchen Verhaltensweisen Sie neigen und ob diese für Ihre Arbeitsgruppe hilfreich sind. Gehen Sie wieder von Ihrem Heimathafen aus – Ihrer Selbsteinschätzung im Riemann-Kreuz: Wo finden Sie sich? Möglicherweise entdecken Sie Ihre Stärken und Fähigkeiten in unterschiedlichen

Rollen. Teamfähig sind Sie auch dadurch, dass Sie einschätzen können, wie die anderen Sie wahrnehmen. Dieser Abgleich zwischen Selbstbild (wie sehe ich mich?) und Fremdbild (wie sehen andere mich?) hilft bei der zuverlässigen Positionierung.

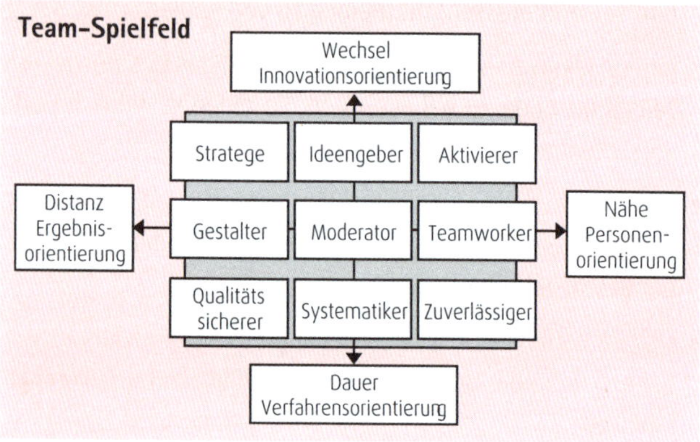

In der folgenden Tabelle finden Sie für die einzelnen Rollen die typischen Verhaltensbeschreibungen.

Typ	Typische Eigenschaften	Positive Qualitäten	Mögliche Schwächen
Der Stratege	weitblickend, mutig, tatkräftig, ideenreich, konzeptionell	blickt über den Tellerrand hinaus, erkennt Kraftfelder in Systemen, Interesse an Erneuerung	kann sich in unrealistischen Ideen und Projekten verrennen, Widerstände gegen bewährte Routinen

Typ	Typische Eigenschaften	Positive Qualitäten	Mögliche Schwächen
Der Ideengeber	individuell, ernsthaft, unorthodox, vom Herkömmlichen abweichend	innovative Begabung, Vorstellungskraft, Intellekt, Wissen	schwebt in den Wolken; neigt dazu, praktische Details oder das Protokoll zu übersehen
Der Aktivierer	extravertiert, enthusiastisch, neugierig, wissbegierig, kommunikativ	besitzt die Eigenschaft, Kontakt zu Personen aufzunehmen und alles Neue zu erforschen; kann Herausforderungen annehmen	läuft Gefahr, das Interesse an einer Sache zu verlieren, sobald die anfängliche Faszination vorüber ist
Der Gestalter	nervös, erregbar, geht aus sich heraus, dynamisch	hat den Willen und die Bereitschaft, Trägheit, Ineffektivität, Selbstgefälligkeit oder Selbsttäuschung zu bekämpfen	Neigung zu Provokationen, Irritation, Ärger oder Ungeduld
Der Moderator	ruhig, selbstsicher, beherrscht	kann Personen mit ihren Werten und Verdiensten ohne Vorurteile anerkennen und mit ihnen umzugehen; starke Wahrnehmung für objektive Gegebenheiten	nicht mehr als das übliche Maß an Intellekt oder kreativer Fähigkeit

Typ	Typische Eigenschaften	Positive Qualitäten	Mögliche Schwächen
Der Teamworker	sozial orientiert, freundlich, empfindsam	kann auf Menschen und Situationen eingehen und den Teamgeist fördern	Unentschlossenheit in Krisensituationen, Konfliktvermeidung
Der Qualitätssicherer	sorgfältig, gewissenhaft, fleißig, eifrig	besitzt die Eigenschaft, Dinge durchzuziehen, Perfektionismus	neigt dazu, sich über kleine Dinge aufzuregen; lässt die Dinge ungern »laufen«
Der Systematiker	nüchtern, besonnen, eher passiv, vorsichtig	Beurteilung, Diskretion, Nüchternheit, Praxis	fehlende Inspiration und mangelnde Fähigkeit, andere zu motivieren
Der Zuverlässige	konservativ, vorsichtig, loyal, pflichtbewusst, einschätzbar	Organisationstalent, praktischer gesunder Menschenverstand, hart arbeitend, selbstdiszipliniert	Mangel an Flexibilität, unempfänglich und unsensibel gegenüber ungeprüften Ideen

Sie haben Ihre Hauptrolle und deren Bedeutung für das Team gefunden? Stellen Sie sich nun vor, welche Rollen Ihre Kollegen ausfüllen. Positionieren Sie die noch fehlenden Teammitglieder anhand des letzten Schaubilds vor dieser Tabelle (»Team-Spielfeld«) und der Rollentabelle und beantworten Sie folgende Fragen:

	Ja	Nein
Kenne ich meine Rolle?		
Kennen meine Kollegen meine Rolle?		
Sind Selbstbild und Fremdbild weit gehend identisch?		
Weiß ich, welche Rolle mein Vorgesetzter von mir erwartet?		
Ist mir bewusst, was meine Kollegen von mir erwarten?		
Kenne ich die Stärken und Schwächen meiner Kollegen?		
Bin ich zugunsten des gemeinsamen Ziels bereit, meine Fähigkeiten zu steigern oder mich zurückzunehmen?		
Bin ich mit meinen (Verhaltens-)Fähigkeiten im Team richtig eingesetzt?		
Sind meine Kollegen meistens zufrieden mit meinem Verhalten?		
Mische ich mich nicht ungefragt in andere Rollen ein?		
Kann ich die Unterschiedlichkeit der verschiedenen Persönlichkeiten akzeptieren?		
Kann ich die an mich gestellten (Verhaltens-) Erwartungen erfüllen?		
Setze ich gezielt meine Stärken ein?		
Bemühe ich mich, meine Schwächen unter Kontrolle zu halten?		
Zeige ich meinen Kollegen aktiv, dass ich Ihnen vertraue?		
Suche ich im Konfliktfall nach Kompromissen oder Alternativen?		

Push-up

Sie konnten alle Fragen mit Ja beantworten? Dann gibt es an Ihrer Teamfähigkeit vermutlich keinen Zweifel. Sie kennen Ihre Stärken und Schwächen weit gehend und wissen, wie Sie sich einbringen müssen, um ein gemeinschaftliches Ziel zu erreichen. Sie können Ihre Teamfähigkeit weiter untermauern, wenn Sie im Sinne der vier Ebenen einer Nachricht in der Lage sind, auf der Beziehungs- bzw. Selbstkundgabeebene Störungen zeitnah anzusprechen, etwa: »Mir ist aufgefallen, dass Sie mit dem Ergebnis noch nicht ganz zufrieden wirken« oder »Bevor wir jetzt weitermachen, möchte ich gerne die Situation klären«.

Hat sich an der einen oder anderen Stelle ein Nein eingeschlichen? Dann nutzen Sie die Gelegenheit, um in sich zu gehen und auch das Gespräch mit Ihrer Umgebung zu suchen. Fragen Sie sich zunächst, warum Sie auf bestimmte Fragen mit Nein geantwortet haben. Es muss nicht zwingend an Ihnen liegen, wenn Sie zum Beispiel nicht wissen, was Ihr Vorgesetzter oder Ihre Kollegen konkret von Ihnen erwarten. Häufig gehen diese Fragen in der Alltagsroutine oder im Stress unter. Eine Klärung im nächsten Teammeeting oder im Gespräch mit dem Vorgesetzten bringt Licht in die Sache und sorgt für mehr Sicherheit im Umgang miteinander.

Was erwarten andere von Ihnen?

Wenn Sie bei der Ursachenforschung feststellen, dass das Nein etwas mit Ihren persönlichen Fähigkeiten zu tun hat, dann haben Sie den Mut, sich das einzugestehen. Hilfestellung dazu finden Sie in den Kapiteln zu Kommunikationskompetenz, Kritikfähigkeit und Konfliktverhalten. Ein Beispiel: Sie haben die Frage »Ist mir bewusst, was meine Kollegen von mir erwarten?« mit Nein beantwortet. Im nächsten Schritt benötigen Sie Ihre Fähigkeit zur Empathie. Das bedeutet, Sie versetzen sich in die Lage Ihrer Kollegen. Nehmen Sie einmal bewusst Platz auf dem Stuhl Ihres Gegenübers. Und nun verdeutlichen Sie sich, was dieser erlebt, wenn er auf Sie schaut. Können Sie spüren, was der Betreffende empfindet, wenn er Sie betrachtet? Was genau bräuchte dieser Kollege jetzt von Ihnen? Welcher Skill würde Sie beide jetzt weiterbringen?

Wenn es beim ersten Mal nicht klappt, lassen Sie sich bitte nicht entmutigen. Übung macht den Meister. Mit den gewonnenen Erkenntnissen haben Sie eine gute Basis für ein nächstes Gespräch, das dann unter Umständen anders abläuft als bisher. Wenn zum Beispiel schon viel Vertrauen verloren gegangen ist, Kompromisse in der Vergangenheit nur halbherzig eingegangen worden sind oder Sie mit der Selbstreflexion im Moment noch Schwierigkeiten haben, könnten sich solche Gespräche doch schwieriger als erwartet sein. In diesem Fall können Sie sich auch professionelle Hilfe z. B. bei einem Personalentwickler, Vorgesetzen, Trainer oder Coach Ihres Vertrauens einholen. Oft ist es hilfreich, an dieser Stelle einen Abgleich zwischen Selbstbild und Fremdbild zu machen. Mit diesem Ergebnis ist es dann entschieden leichter, sich die Möglichkeiten für weitere Push-ups zu erschließen.

Kritikfähigkeit

Wenn Sie sich dieses Buch gekauft haben, um festzustellen, wie es mit Ihren Soft Skills bestellt ist, dann haben Sie schon die erste Hürde der Kritikfähigkeit genommen. Denn Sie können nichts verändern, wenn Sie nicht in der Lage sind, offen und ehrlich in den Spiegel zu schauen und anzuerkennen, dass Sie auch Defizite haben. Wenn Sie noch einen Schritt weiter gehen und diese Mankos beheben wollen, haben Sie schon einiges für Ihre Kritikfähigkeit getan. Denn Sie stellen damit Ihr Verhalten auf den Prüfstand – eine Voraussetzung dafür, kritikfähiger zu werden. Kritikfähigkeit ist auch im aktiven Sinn zu verstehen: Es umfasst ebenso die Fähigkeit, Kritik an anderen angemessen zu äußern.

Kritik äußern

Kritik hört keiner gerne und viele Menschen haben Schwierigkeiten, Kritik situationsadäquat anzusprechen. Egal, wie groß der Wunsch nach Veränderung auch ist. Bei der Äußerung von Kritik kommt es ganz besonders darauf an, den richtigen Ton zu treffen und die eigene Wahrnehmung nicht verletzend zu formulieren.

BEISPIEL

Es ist ein großer Unterschied, ob Sie sagen: »Mein Gott, Herr Felsenschmied, wie oft habe ich Ihnen schon erklärt, wie die Listen zu bearbeiten sind. Sie können sich ja gar nichts merken!« oder: »Herr Felsenschmied, ich habe den Eindruck, dass Ihnen die Bearbeitung der Listen Schwierigkeiten bereitet. Was konkret ist das Problem und wie kann ich Ihnen dabei helfen, damit diese Fehler in Zukunft nicht mehr auftauchen?«

Bei der ersten Variante erklären Sie Ihr Gegenüber – möglicherweise unbeabsichtigt – zum Idioten, der nichts auf die Reihe kriegt. Damit fühlt sich der Kritisierte als Person gedemütigt und wird sicherlich nicht kooperativ reagieren. Im zweiten Beispiel bezieht sich die Kritik lediglich auf das Verhalten und Sie beteiligen den Betroffenen an der Lösung des Problems.

Kritik annehmen

Der häufigste Fehler, der beim Annehmen von Kritik gemacht wird, ist, das Gesagte sofort auf sich persönlich und nicht auf das Verhalten in der Situation zu beziehen. Das löst in aller Regel unmittelbar den Impuls aus, zu widersprechen oder sich zu rechtfertigen. Auch spielt die Sympathie gegenüber dem Sender meist eine große Rolle (denken Sie an die Beziehungsebene, siehe »Das Kommunikationsmodell nach Schulz von Thun«). Ein psychologischer Grundsatz besagt, dass die Wertschätzung einer Information proportional gleichzusetzen ist mit der Wertschätzung der Person, die diese übermittelt. Das heißt, wir neigen im ersten Moment dazu, uns zu fragen: »Wer sagt mir das?« und eine innere Bewertung vorzunehmen. Nach dem Motto: »Ich halte viel von dir – ergo wird es stimmen, was du mir sagst« – oder aber genau umgekehrt. Wobei es durchaus sein kann, dass uns jemand ein ehrliches Feedback gibt, obwohl wir nicht viel von ihm halten.

> Wenn Sie keine Kritik vertragen, vergeben Sie sich die Chance, sich weiterzuentwickeln. Kritikfähige Menschen kommen mit veränderten Situationen besser zurecht.

Check-up

Zum Äußern und Annehmen von Kritik gehört natürlich auch der Mut, sich ein Herz zu fassen und die Dinge auszusprechen bzw. sie wirken zu lassen. Das fällt einigen Menschen leicht, anderen weniger. Ähnlich wie schon in anderen Kapiteln können Sie auch hier Ihren Heimathafen suchen und überprüfen, welches Verhalten im Umgang mit Kritik Ihnen am meisten liegt und welche Möglichkeiten Sie haben, Ihre Kritikfähigkeit zu erweitern.

Kritikfähigkeit der vier Persönlichkeitstypen

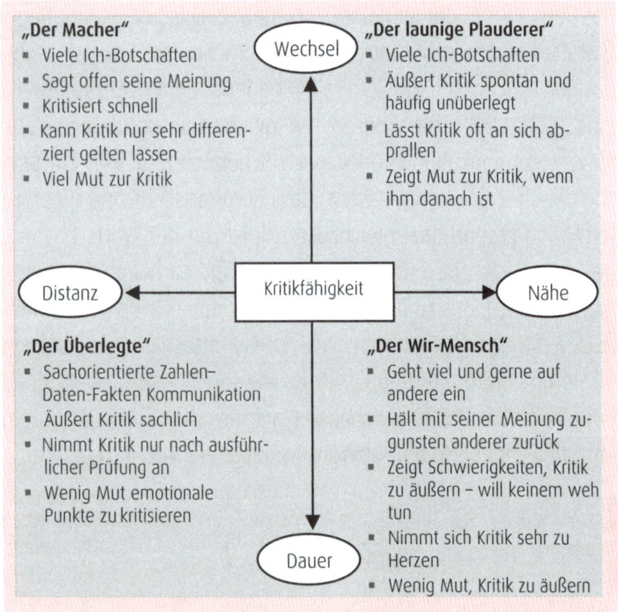

Push-up

Kritik äußern – was jeder tun kann

Unabhängig von Ihrer Verortung im Riemann-Kreuz heißt das Zauberwort in den meisten Fällen: Feedback. Dafür gibt es sinnvolle Regeln:

1. Definieren Sie vor dem Gespräch ein Ziel. Was genau möchten Sie erreichen, was hat Sie konkret gestört?
2. Sprechen Sie Ihr Gegenüber direkt an und stellen Sie Nähe bzw. eine gute Gesprächsatmosphäre her.
3. Benennen Sie Ross und Reiter, vermeiden Sie »Man«-Formulierungen.
4. Beschreiben Sie die konkrete Situation und finden Sie Beispiele.
5. Beziehen Sie sich auf das Verhalten und nicht auf die Person.
6. Unterscheiden Sie zwischen persönlicher Wahrnehmung und Behauptungen.
7. Heben Sie nicht nur die negativen, sondern auch die positiven Aspekte des Verhaltens hervor.
8. Erwähnen Sie Alternativen, Wünsche oder Ihre Vorstellungen und bieten Sie ggf. Ihre Hilfe an.

BEISPIEL

Sie arbeiten mit Ihrer Kollegin Helga Kummermann gemeinsam an einem Projekt. Sie verstehen sich gut mit ihr, auch wenn sie ein wenig schusselig ist. Besonders wenn Abstimmungstermine mit anderen Abteilungen anstehen, vergisst sie regelmäßig einen Teil ihrer Unterlagen. Die Besprechung muss jedes Mal unterbrochen werden, damit Ihre Kollegin die fehlenden Informationen schnell holen kann. Das ärgert Sie und Sie entschließen sich, mit ihr darüber zu sprechen.

Im Sinne eines gezielten Feedbacks können Sie wie folgt vorgehen:

- Sie legen das Ziel fest: Helga Kummermann soll zukünftig ihre Unterlagen vollständig dabeihaben (ihre allgemeine Schusseligkeit hat in dem Gespräch nichts zu suchen).
- Sie beginnen und führen das Gespräch in einer ruhigen Atmosphäre (nicht zwischen Tür und Angel) mit Ich-Formulierungen, etwa so:

BEISPIEL

»Frau Kummermann, ich möchte mit Ihnen über die Abstimmungstermine bei unserem Projekt sprechen. Mir ist aufgefallen, dass Sie die letzten Male nicht alle nötigen Unterlagen dabeihatten. Das finde ich schade, weil Ihre Informationen für uns alle wichtig sind. Die Unterbrechung stört und sie verzögert den Prozess. Was halten Sie davon, wenn wir einmal, nämlich vor dem nächsten Termin, die Unterlagen gemeinsam vorbereiten?«

Das Besondere am Feedback ist, dass Sie Ihre Wertschätzung äußern und Ihre Unterstützung anbieten. Damit geben Sie Frau Kummermann die Möglichkeit, über ihr Verhalten nicht nur nachzudenken, sondern es mit Ihnen gemeinsam aktiv zu verändern. Bei der nächsten Vorbereitung lässt sich bestimmt so verfahren, dass Sie nicht Kindermädchen spielen müssen oder Ihre Kollegin sich bevormundet fühlt.

Kritik annehmen – was jeder tun kann

Widersprechen, erklären oder abwerten ist nicht sinnvoll, wenn Sie erfahren wollen, was genau den anderen an Ihrem Verhalten stört, und Sie Ihre Wirkung auf andere besser kennen lernen möchten. Selbst wenn Sie das Gesagte so nicht akzeptieren können oder wollen, helfen Ihnen folgende Regeln, das zu klären.

1. Hören Sie zu, fallen Sie nicht ins Wort und rechtfertigen Sie sich nicht.
2. Stellen Sie Verständnisfragen.
3. Überdenken Sie, was Sie von dem Gehörten annehmen können und wollen.
4. Bedanken Sie sich innerlich oder sogar explizit bei Ihrem Gesprächspartner.

Die Reaktion von Helga Kummermann auf das Gehörte könnte dann in etwa so ausfallen:

BEISPIEL

»Danke, dass Sie mir das gesagt haben. Mir war nicht klar, dass das alle so stört. Ich bin mir nur manchmal nicht bewusst, über welche Unterlagen wir in dem Meeting genau sprechen wollen. Deshalb würde es mir sehr helfen, das Material mit Ihnen vorab zu sichten.«

Kritikfähigkeit im Riemann-Kreuz

Wenn Sie Ihren Heimathafen gefunden haben, werden Sie feststellen, dass von Natur aus kein Quadrant Kritik optimal geben oder annehmen kann. Hier helfen die Spielregeln im

Umgang mit Feedback und je nach Persönlichkeitstyp ein bisschen Mut und Selbstkritik. Schauen Sie doch einmal bewusst in den Ihnen schräg gegenüber liegenden Quadranten. Dieses Feld wird auch das Spiegelbild der Seele genannt. Häufig hilft es, die positiven Eigenschaften dieses Typs gezielt anzuwenden. Zum Beispiel: Sie befinden sich im Quadrant Nähe/Dauer. Ihr Gegenüber heißt Distanz/Wechsel. Dort steht: »sagt offen seine Meinung.« Was diesem Menschen durch seine Direktheit zum Verhängnis werden kann, hilft Ihnen durchaus weiter. Da Sie sehr beziehungsorientiert sind, wird es Ihnen leicht fallen, kritische Themen vorsichtig und wertschätzend anzusprechen. Auf der anderen Seite heißt es über Ihren Gegentypus, den »Macher«: »nimmt Kritik nur sehr differenziert an« – also nach eingehender Prüfung. Fragen auch Sie sich, ob das, was man Ihnen sagt, auf der Beziehungs- oder auf der Sachebene angesiedelt ist. Nicht alles, was Sie hören, ist persönlich gemeint.

Analytische Kompetenz

Oft wird analytische Kompetenz mit mathematischen Fähigkeiten verwechselt. Aber diese Form des logischen Schlussfolgerns beinhaltet viel mehr als blitzschnelles Kopfrechnen und Überschlagen von nummerischen Werten. Wird analytische Kompetenz verlangt (was in vielen Berufen der Fall ist), geht es darum, Probleme zu erkennen und systematisch zu lösen. Dies geschieht idealtypisch in drei Schritten.

Problemlösung in drei Schritten

1. Zuerst geht es um die sorgfältige Analyse eines komplexen Themas. Es wird erfasst, welche Aspekte zu diesem Thema gehören – je nach Lebensbereich müssen diese unterschiedlich betrachtet werden.
2. Im zweiten Schritt werden die wesentlichen Informationen priorisiert. Damit trennt sich das Wichtige vom Unwichtigen und es wird zusammengefügt, was zusammengehört. Das müssen nicht nur sachliche Gesichtspunkte sein, Sie wissen ja, wie wichtig die Beziehungsebene ist.
3. Schließlich werden die unterschiedlichen Teilaspekte miteinander vernetzt zu einer umsetzbaren Synthese.

> Wenn Sie Ihre analytischen Fähigkeiten trainieren, sind Sie in der Lage, Situationen rasch zu erfassen und entsprechend schnell zu reagieren.

Check-up

BEISPIEL

Sandra Braun arbeitet als Sekretärin für den Vorstandsvorsitzenden Maximilian Hurtig. Die Beziehung zwischen den beiden ist seit Jahren ausgesprochen vertrauensvoll und loyal. Als sie nach einem dreiwöchigen Urlaub an ihren Arbeitsplatz zurückkehrt, empfängt ihr Chef Sandra Braun mit den Worten: »Es wurde auch Zeit, dass Sie wiederkommen. Hier ist der Teufel los. Sie müssen sofort die Quartalszahlen für die Sitzung um 13 Uhr aufbereiten. Außerdem funktioniert der Terminkalender auf meinem Laptop nicht und ich muss dringend meine Termine planen. Ach ja, und wo sind die Flugtickets für heute Abend? Im Übrigen hat sich der Abteilungsleiter Sauer über Ihren letzten Projektbericht aufgeregt. Er findet seine Leistung nicht genügend gewürdigt. Kümmern Sie sich darum!«

Zugegeben, ein albtraumhaftes Szenario. Aber dieses Beispiel hilft Ihnen, Ihre analytischen Fähigkeiten zu testen. Mithilfe der nachfolgenden Ausführungen können Sie feststellen, in welcher Form Sie diesen Soft Skill nutzen und wo sich unter Umständen Ihre Potenziale noch erweitern lassen. Prüfen Sie, welche Herangehensweise der Ihren am ehesten entspricht.

So geht der »muntere« Plauderer vor

1. Schritt: Analyse der Situation

Aus der Position Wechsel/Nähe heraus sagt sich Frau Braun:

- Was ist denn hier passiert?
- Habe ich etwas falsch gemacht?
- Ich weiß nicht, wo ich anfangen soll, ich finde das unmöglich.
- Ich leg jetzt einfach mal los.

2. Schritt: Wichtiges herausfiltern und Prioritäten setzen

Für Frau Braun könnte die Situation so aussehen:

- Herr Hurtig ist ärgerlich auf mich.
- Herr Sauer ist auch ärgerlich auf mich.
- Die Blumen, die ich sonst immer bekomme, fehlen.
- Ich leg jetzt einfach mal los.

3. Schritt: Synthesen bilden und Lösungen suchen

Frau Braun könnte so vorgehen:

- Sie geht Herrn Hurtig (wenn möglich) sofort hinterher und fragt ihn, was denn eigentlich los sei.
- Sie ruft danach gleich Herrn Sauer an.
- Sie widmet sich dem Problem, das Sie am meisten »anspringt«.
- Sie hofft, alles irgendwie zu schaffen.

So geht der »Wir-Mensch« mit der Lage um

1. Schritt: Analyse der Situation

Aus dem Feld Nähe/Dauer betrachtet sieht die Sache so aus:

- Was ist denn hier passiert?
- Habe ich etwas falsch gemacht?
- Hoffentlich beruhigen sich die Herren wieder.
- Ich kann doch gar nichts dafür.

2. Schritt: Wichtiges herausfiltern und Prioritäten setzen

- Hier sind alle ärgerlich auf mich.
- Hoffentlich habe ich nicht noch mehr falsch gemacht.
- Ich gehe jetzt erst einmal auf Tauchstation.
- Zunächst muss ich sehen, was hier wichtig ist.

3. Schritt: Synthesen bilden und Lösungen suchen

- Als Erstes rufe ich den Techniker wegen des Notebooks.
- Danach frage ich in der Personalabteilung nach den Tickets.
- Dann mache ich die Zahlen fertig.
- Wenn sich alles beruhigt hat, werde ich mit Herrn Sauer und Herrn Hurtig sprechen.

So geht der Überlegte an das Problem heran

Befindet sich Frau Braun im Quadranten Distanz/Dauer, könnte sie wie folgt reagieren:

1. Schritt: Analyse der Situation

- Der Chef hat ja mächtig schlechte Laune.
- Wieso wartet er bis zum letzten Moment mit den Zahlen, die hätte er ja meiner Urlaubsvertretung geben können!
- Ich werde hier für alles verantwortlich gemacht, der Sauer spinnt doch.
- Das ist doch alles leicht bis 13 Uhr zu schaffen.

2. Schritt: Wichtiges herausfiltern und Prioritäten setzen

- Notebook kaputt
- Tickets verschwunden
- Zahlen nicht fertig
- mit Herrn Hurtig über die Sache Sauer reden

3. Schritt: Synthesen bilden und Lösungen suchen

- Ich rufe zuerst den Techniker wegen des Notebooks an.
- Dann frage ich in der Personalabteilung nach dem Verbleib der Tickets.
- Für die Zahlen brauche ich nur eine Stunde.
- Herr Sauer kann warten, das kläre ich später mit Herrn Hurtig.

So reagiert der »Macher«

Aus dem Feld Distanz/Wechsel betrachtet sieht das Ganze folgendermaßen aus:

1. Schritt: Analyse der Situation

- Das darf doch wohl nicht wahr sein, was ist denn hier los?!
- Das kläre ich mit Herrn Hurtig und Herrn Sauer, so geht das nicht.
- Wenn ich nicht da bin, läuft hier gar nichts, ich muss wohl mal ein Wörtchen mit meiner Urlaubsvertretung reden.
- Kein Grund, sich so aufzuregen, das ist doch alles schnell erledigt.

2. Schritt: Wichtiges herausfiltern und Prioritäten setzen

- Notebook kaputt
- Tickets verschwunden
- Zahlen nicht fertig
- mit Herrn Hurtig und Herrn Sauer reden

3. Schritt: Synthesen bilden und Lösungen suchen

- Der Techniker soll sich sofort um das Notebook kümmern.
- Die Personalabteilung soll mir sofort die Tickets bringen oder den Verbleib klären.
- Die Zahlen sind im Handumdrehen erledigt.
- Herr Sauer kann sich auf was gefasst machen, der Bericht ist in Ordnung, und mit Herrn Hurtig rede ich auch noch.

Push-up

Sie können den unterschiedlichen Verhaltensweisen entnehmen, dass – wie so oft im Leben – viele Wege nach Rom führen. Um das situationslogische und angemessene Vorgehen zu finden, benötigen wir mehrere Eigenschaften aus den unterschiedlichen Quadranten. Wenn Sie nur auf einem der vier Spielfelder agieren, bleibt sowohl die Synthese als auch die Lösung einseitig.

Die wichtigste Voraussetzung für analytisches Denken stellt somit die Fähigkeit dar, zunächst einmal empathisch zu sein und sofort zu begreifen, welche Schritte überhaupt zur Problemlösung führen. In unserem Fall ist es sicherlich nicht ratsam, gleich auf Herrn Hurtig oder Herrn Sauer zuzugehen, um eine Klärung herbeizuführen. Einen aufgeregten Vorgesetzten beruhigt man nicht mit Gesprächen, Beschwichtigungen, Abwehrtechniken oder Versprechungen, sondern mit Taten. Trotzdem hat man in dieser Situation natürlich das Recht zu erfahren, was hier eigentlich hinter den Kulissen gespielt wurde. Ein angemessenes analytisches Vorgehen könnte demnach beispielsweise so aussehen:

1. Schritt: Analyse der Situation

- Der Chef hat ja mächtig schlechte Laune. (Distanz/Dauer)
- Was ist denn hier passiert? (Wechsel/Nähe)

2. Schritt: Wichtiges herausfiltern und Prioritäten setzen

- Notebook kaputt (Distanz/Dauer, Distanz/Wechsel)
- Tickets verschwunden (Distanz/Dauer, Distanz/Wechsel)
- Zahlen nicht fertig (Distanz/Dauer, Distanz/Wechsel)
- mit Herrn Hurtig und Herrn Sauer reden (Distanz/Dauer, Distanz/Wechsel)

3. Schritt: Synthesen bilden und Lösungen suchen

- Als Erstes rufe ich den Techniker wegen des Notebooks. (Nähe/Dauer, Distanz/Dauer)
- Danach frage ich in der Personalabteilung nach den Tickets. (Nähe/Dauer, Distanz/Dauer)
- Dann stelle ich die Zahlen fertig. (Nähe/Dauer, Distanz/ Dauer)
- Wenn sich alles beruhigt hat, werde ich mit Herrn Sauer und Herrn Hurtig sprechen. (Nähe/Dauer)

Analytische Fähigkeiten allein führen nicht zum Ziel, wenn es darum geht, eine Lösung umzusetzen. Die schönste und praktikabelste Lösung sieht blass aus, wenn Sie sie in einem Generalfeldmarschallton (Macher – Wechsel/Distanz) vortragen. Daher ist es sinnvoll, sich in einem solchen Fall noch einmal die eigene Kommunikationsweise vor Augen zu halten (vgl. Unterkapitel »Kommunikative Kompetenz«).

Vertrauenswürdigkeit

Vertrauen ist der Anfang von allem – wie die Werbung weiß. Die meisten Soft Skills helfen Ihnen nicht, wenn andere kein Vertrauen zu Ihnen haben. Ohne Vertrauen können Sie niemanden überzeugen, niemand wird Ihre Vorschläge oder Ihre Kritik annehmen. Dabei ist es sehr schwer zu definieren, was Vertrauen genau ausmacht. Aber jeder merkt, wenn es fehlt, und jeder braucht es. Das Interessante am Vertrauen: Nur wer anderen vertraut, ist auch vertrauenswürdig.

> Vertrauen ist die Erwartung, sich in kritischen Situationen auf den anderen verlassen zu können.

In diesem Kapitel geht es darum zu reflektieren, wie viel Vertrauen Sie einerseits benötigen, und was andererseits die anderen von Ihnen erwarten, damit Sie sich ihrem Vertrauen als würdig erweisen.

Was zum Vertrauen gehört

Zur Entstehung von Vertrauen gehört, dass die meisten Menschen grundsätzlich bereit sind, anderen ein gewisses Maß an Vertrauensvorschuss zu geben. Wie sonst lässt es sich erklären, dass Sie am Strand wildfremde Menschen darum bitten, auf Ihre Sachen aufzupassen, weil Sie kurz ins Wasser möchten. Oder dass Sie Ihrem neuen Nachbarn nach zweimaligem Gespräch den Haustürschlüssel geben mit der Bitte, während Ihrer Dienstreise die Blumen zu gießen. Das beweist, dass wir die Fähigkeit haben, innerhalb kürzester Zeit Vertrauen aufzubauen. Dieses Vertrauen beruht auf Ihrer Empathie (vgl. Unterkapitel »Einfühlungsvermögen«): Sie schätzen beim ersten Kontakt sofort ein, ob Ihr Gegenüber durch Gestik, Mimik und Körperhaltung sowie durch das, was er sagt, Ihr Vertrauen verdient. Je einfühlsamer Sie sind, desto besser ist Ihr Gespür für fremde Menschen.

Eine vertrauensvolle Beziehung entsteht auf Basis bestimmter Grundwerte wie Sicherheit, Ehrlichkeit, Offenheit, Toleranz und Würde. Machen Sie sich bewusst, dass es im Umgang mit anderen um diese Werte geht. Nur dann können Sie gezielt Vertrauen aufbauen.

> Tiefer gehendes Vertrauen ist nicht plötzlich da, sondern muss aufgebaut, verstärkt, gefestigt und abgesichert werden.

Check-up

Wie vertrauenswürdig sind Sie?

Auch bei diesem Check sind Sie auf die Hilfe anderer angewiesen. Um die unten stehenden Fragen beantworten zu können, sollten Sie zusätzlich zu Ihrer eigenen Einschätzung Feedback bei Menschen Ihres Vertrauens holen.

	immer	meistens	selten
Im Umgang mit anderen trete ich offen auf.			
Ich sage ehrlich meine Meinung.			
Ich verhalte mich meinem Gesprächspartner gegenüber loyal.			
Ich halte, was ich verspreche.			
Ich bin diskret im Umgang mit vertraulichen Informationen.			
Ich zeige meine Ansprechbarkeit für andere Ideen und Meinungen.			
Ich verhalte mich in Konkurrenzsituationen kooperativ.			
Ich pflege dauerhafte Beziehungen.			
Ich achte auf mein gutes Sozialverhalten.			
Ich gehe respektvoll und anerkennend mit meinen Mitarbeitern und/oder Kollegen um.			
Ich achte auf einen respektvollen und wertschätzenden Umgang im Team.			
Ich begründe meine Entscheidungen.			

	immer	meistens	selten
Ich wirke berechenbar in meinen Handlungen.			
Ich gebe für andere wichtige Informationen sofort und umfassend weiter.			

Auswertung:

Überwiegend »immer«: Die Wahrscheinlichkeit, dass Sie von Ihrer Umgebung als vertrauenswürdig wahrgenommen werden, ist groß. Sie sind gerne bereit, auf das Vertrauenskonto Ihres Gesprächspartners etwas »einzuzahlen«. Ihre Umgebung weiß, dass sie sich auf Sie verlassen kann.

Überwiegend »meistens«: Das Vertrauen anderer ist Ihnen schon wichtig, nur manchmal können Sie sich nicht sofort entscheiden ob es richtig ist, auf das jeweilige Konto noch weiter einzuzahlen. Vielleicht investieren Sie noch ein wenig mehr Zutrauen in Ihre Umgebung und verdeutlichen Sie sich noch stärker, zu wem Sie ein vertrauensvolles Verhältnis aufbauen möchten.

Überwiegend »selten«: Kann es sein, dass Sie bisher noch nicht abschließend darüber nachgedacht haben, welche wichtige Rolle Vertrauen für Ihr Leben und Ihr berufliches Weiterkommen spielt? Oder Ihr Vertrauen ist in der Vergangenheit enttäuscht worden. Im ersten Fall können Sie anfangen, sich selbst gezielt zu reflektieren. Eine Anleitung dazu finden Sie im nachfolgenden »Push-up«. Im zweiten Fall sollten Sie sich Unterstützung für die Bearbeitung des Themas Vertrauen suchen. Vertrauen wächst wieder, wenn Sie über einen gewissen Zeitraum nicht enttäuscht werden. Lassen Sie sich helfen, um wieder gezielt Vertrauen aufzubauen und selbst vertrauenswürdig zu erscheinen.

Können Sie anderen vertrauen?

Wie es um Ihre Qualitäten bestellt ist, selbst Anderen Vertrauen entgegenzubringen und dies auch zu zeigen – die Voraussetzung für die eigene Vertrauenswürdigkeit –, können Sie anhand des Riemann-Kreuzes untersuchen. Welcher Quadrant gilt für Sie?

Vertrauen der vier Persönlichkeitstypen

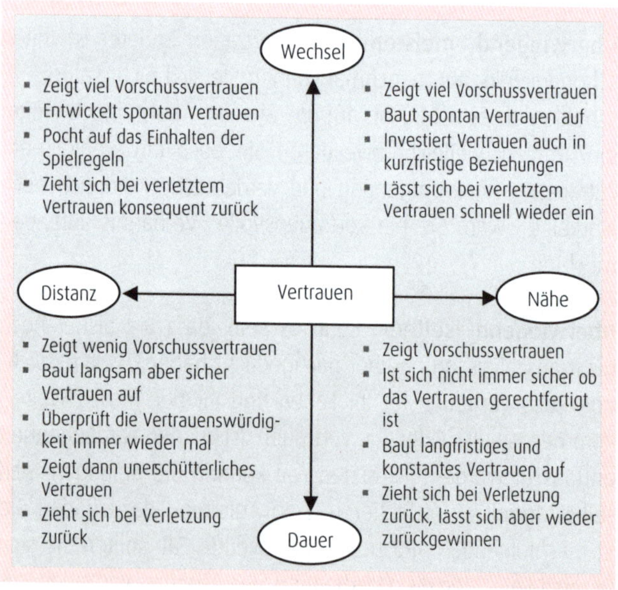

Push-up

Bevor wir zur Analyse der vier Quadranten kommen, sehen wir uns an, wie Sie ganz allgemein das Vertrauen zwischen Ihnen und Ihren Vorgesetzten, Mitarbeitern oder Kollegen fördern können. Der Vertrauensaufbau geschieht idealerweise in drei Schritten.

Die drei Phasen der Vertrauensbildung

1. **Kommunizieren Sie klar und verständlich:** Im Abschnitt zur Persönlichkeitseinschätzung am Anfang dieses Kapitels haben Sie erfahren, auf welchem Ohr Sie gut hören und mit welchem Schnabel Sie gern sprechen. Um auf die anderen vertrauenswürdig zu wirken, sollten Sie bewusst auf allen vier Ebenen kommunizieren. Auf der Sachebene informieren Sie über Zahlen, Daten, Fakten. Auf der Appellebene zeigen Sie deutlich, wozu Sie den anderen auffordern. Auf der Beziehungsebene zeigen Sie Ihrem Gesprächspartner auch nonverbal, wie Sie zu ihm stehen und auf der Selbstkundgabeebene signalisieren Sie, wie es Ihnen mit dem gerade besprochenen Thema geht. Dieses bewusste Zuwenden, gepaart mit Einfühlungsvermögen, lässt Sie die erste Hürde zum Vertrauensaufbau nehmen.
2. **Kommunizieren Sie offen und transparent:** Jeder empfindet etwas anderes als bedrohlich, aber stets gilt dies für das Unbekannte. Aus diesem Grund ist es zur Vertrauensbildung enorm wichtig, Transparenz, Ehrlichkeit und Offenheit in Ihre Kommunikation und in Ihr Handeln zu legen. Sie

werden so für andere durchschaubar. Nur wenn Ihr Partner das Gefühl hat, Sie verlässlich einschätzen zu können, Sie also berechenbar wirken, kann er Ihnen vertrauen. Gestalten Sie darüber hinaus einen aktiven Feedback-Prozess, das heißt, geben Sie Ihrem Gegenüber eine Orientierung über die Gründe Ihres Verhaltens.

3. **Geben Sie mehr Vertrauen als Sie erwarten:** Wenn Sie die ersten beiden Stufen erfolgreich gemeistert haben, können Sie jetzt weitere Einzahlungen auf das Vertrauenskonto Ihres Gegenübers vornehmen, das übrigens wie ein Bankkonto immer ein Plus auf der Habenseite verzeichnen sollte. Schenken Sie also ruhig ein wenig mehr Vertrauen als Sie erwarten. Um diese anspruchsvolle Stufe zu erreichen, müssen Sie stetig unter Beweis stellen, dass Sie Vertrauen verdienen und umgekehrt dieses anderen geben. Als Mitarbeiter überzeugen Sie durch anspruchsvolle Leistung und Zuverlässigkeit; als Vorgesetzter überzeugen Sie, indem Sie Ihrem Mitarbeiter immer anspruchsvollere Aufgaben samt den notwendigen Kompetenzen übertragen. Denn steigende Anforderungen fördern bei wachsenden Erfolgen das Selbstvertrauen und erhöhen auf beiden Seiten das Vertrauen zueinander.

BEISPIEL

Susanne Hauser arbeitet seit vier Monaten in der Kreativabteilung einer Werbeagentur. Mit ihrer Vorgesetzten und ihren Kollegen versteht sie sich gut, sie hat sich schnell eingelebt und wird von ihrem Team geschätzt. Sie gilt als zuverlässig und ist sich für keine Aufgabe zu schade. In den Augen Ihrer Chefin Britta Lasur ist Susanne Hauser ein High Potential, sie möchte sie nach angemessener Zeit gerne zu ihrer Stellvertreterin ernennen.

Einmal im Halbjahr trifft sich die Abteilung zu einer eintägigen Klausur, um neue Strategien zu entwickeln und zukünftige Projekte zu planen. Dabei ist es Frau Lasur wichtig, dass alle Teammitglieder zu Wort kommen und ihre Meinung sagen. Zu anstehenden Klausurtermin ist Frau Lasur kurzfristig verhindert. Deshalb bittet sie Susanne Hauser, die Tagung zu leiten. Sie macht ihr deutlich, dass sie der festen Überzeugung ist, dass Susanne Hauser diese Aufgabe bewältigen kann und wird. Als es soweit ist, ist Susanne zwar aufgeregt, aber gut vorbereitet. Sie beginnt mit folgenden Worten: »Guten Morgen, liebe Kolleginnen und Kollegen, das ist heute das erste Mal, dass ich diesen Workshop leite, und ich schon ein bisschen aufgeregt. Wenn ich einen Fehler mache, hoffe ich auf eure Unterstützung und bitte euch, mir sofort zu sagen, wenn etwas nicht so läuft, wie ihr euch das vorstellt. Genau wie immer möchte ich, dass jeder seine Meinung sagt. Jetzt würde ich gerne von jedem von euch seine Projektvorschläge erfragen …« Am Ende verabschiedet sich Susanne Hauser mit: »Danke, dass ihr es mir so leicht gemacht habt. Ich finde, wir haben ein gutes Arbeitsergebnis erzielt!«

Wie wurde hier Vertrauen aufgebaut?

Sie sehen an diesem Beispiel: Susannes Chefin zeigt ihr Vertrauen und sie erweist sich als würdig. Susanne wiederum setzt Vertrauen in die Mitarbeiter und diese arbeiten konzentriert und zielorientiert unter ihrer Leitung. Im Einzelnen lassen sich am Beispiel von Susannes Verhalten im Workshop die drei Schritte zeigen, die notwendig sind:

- Klare Kommunikation: Susanne Hauser kommuniziert auf allen vier Ebenen. Sie informiert über die Situation, sagt, was Sie sich von den Mitarbeitern erwartet, signalisiert Wertschätzung für die Kollegen und spricht über ihre Gefühle. Damit schenkt sie dem Team ihre ganze Aufmerksamkeit und zeigt, dass sie sich mit der Sichtweise der anderen auseinandergesetzt hat. Ohne diese Einleitung hätte ihr Verhalten aus Sicht der Kollegen anmaßend wirken können, im Sinne von: »Was bildet die sich denn ein, will sie jetzt Vorgesetzte spielen?«

- Transparente Kommunikation: Sie wirkt dadurch berechenbar, dass sie ihre Aufregung und ihre Angst vor Fehlern beschreibt. Außerdem lässt sie erkennen, dass sie an der Vorgehensweise nichts ändern wird und sich Feedback vom Team wünscht.
- Mehr Vertrauen geben als erwarten: Susanne Hauser macht deutlich, dass sie die Leistung des Teams anerkennt und nicht für selbstverständlich hält. Darüber hinaus spricht sie ihren Dank aus und füllt damit das Vertrauenskonto ihrer Kollegen weiter auf.

Für Susanne Hauser bedeutet das: Aus der Sicht ihrer Chefin hat sich der Kreislauf von »Vertrauen geben und bekommen« geschlossen. Das macht Susanne für zukünftige weiterführende Aufgaben selbstsicherer – und ihre Chefin wird ihr zukünftig noch mehr Verantwortung geben.

Vertrauen zeigen als »munterer Plauderer«

Im Quadranten Wechsel/Nähe fällt es Ihnen ganz leicht, spontan Vertrauen zu zeigen und auch einen entsprechenden Vorschuss zu geben. Nicht ganz einfach ist es hingegen für Sie, dieses Vertrauen bis in die Tiefe krisenbeständig auszubauen. Veränderte Situationen und neue Bekannte können schon mal dafür sorgen, dass Sie sich um die alten Vertrauten nicht mehr ganz so intensiv kümmern. Diese merken das natürlich und ziehen sich zurück. Schauen Sie in die Felder Nähe/Dauer und Dauer/Distanz. Etwas Kontinuität und Vertiefung an den richtigen Stellen bringt Ihnen langfristig mehr Pluspunkte auf dem

Vertrauenskonto. Mit mehr Unerschütterlichkeit können Sie sich dann im Ernstfall auf diese Menschen verlassen.

Was der »Wir-Mensch« tun kann

Für Sie ist es nicht ganz so leicht, spontan Vertrauen zu zeigen. Bei Nähe-Dauer-Menschen baut sich dieser Soft Skill sozusagen Zug um Zug auf. Sie geben Vorschussvertrauen, sind sich dabei aber nicht immer sicher, ob diese Investition wirklich richtig ist. Aber wenn sich der andere als vertrauenswürdig erwiesen hat, dann halten sie auch zu ihm. Schauen Sie in den Quadranten Distanz/Wechsel. Das Einfordern und Einhalten von Spielregeln macht Ihnen das Leben leichter, wenn es um die Entscheidung geht, ob Ihr Gegenüber Ihr Vertrauen tatsächlich verdient hat.

Der »Überlegte« – geht es auch spontaner?

Bis Sie anderen Vertrauen entgegenbringen, muss Ihnen Ihre Umwelt schon deutlich gezeigt haben, dass sie das auch verdient. Ihre mitunter (richtige) kritische Haltung macht es Ihnen nicht immer ganz leicht, Vorschussvertrauen zu geben. Wenn sich der Mensch Ihres Vertrauens jedoch als zuverlässig erwiesen hat, dann halten Sie unerschütterlich zu ihm – und das ist gut so. Für Dauer-Distanz-Personen gilt: Sehen Sie sich doch einmal im Quadranten Wechsel/Nähe um. Etwas mehr Spontaneität bringt Ihnen eine Menge neuer Erfahrungen und natürlich Vertrauen von anderen ein. Und wenn Sie spüren, dass Menschen an Sie glauben, ist es umgekehrt für Sie nicht so schwer, selbst Vertrauen zu zeigen. Da Sie Ihre Umwelt ohnehin immer wieder auf den Prüfstand stellen, kann dabei nicht viel passieren – Sie können nur gewinnen.

Vertrauen zeigen als »Macher«

Wenn Sie im Feld Distanz/Wechsel zu Hause sind, haben Sie klare Vorstellungen von Vertrauen und können dieses auch gezielt aufbauen und zeigen. Spontan gewähren Sie Vorschuss auf dem Vertrauenskonto, achten dabei jedoch genau darauf, dass die Spielregeln fürs Geben und Nehmen eingehalten werden. Das fordern Sie im Zweifelsfall auch deutlich ein. Sollten Sie gravierende Vertrauensverletzungen auch in längerfristigen Beziehungen erfahren, scheuen Sie sich nicht vor harten Konsequenzen. Tipp: Etwas mehr Ruhe und Gelassenheit kann nicht schaden. Mit Ihrer Konsequenz im Guten wie im Schlechten kann nicht jeder umgehen. In den Quadranten Nähe/Dauer und Distanz/Dauer finden Sie Eigenschaften, die Sie bei sich fördern sollten, etwa die Fähigkeit, langfristiges Vertrauen aufzubauen oder das Vermögen, dieses nach einer Enttäuschung schnell zurück zu gewinnen – nach entsprechender Überzeugungsarbeit versteht sich.

> Mit der ausgeprägten Fähigkeit, Vertrauen zu schenken und sich dessen würdig zu erweisen, sorgen Sie dafür, dass Sie mit Vorgesetzten, Mitarbeitern und Kollegen harmonischer zusammenarbeiten, Konflikte bereits im Vorfeld vermeiden und sich selbst ein positiveres Lebensgefühl verschaffen.

Selbstdisziplin/Selbstbeherrschung

BEISPIEL

Während einer Besprechung hält Mike Münter einen Fachvortrag, den er unterbricht, um auf das Handzeichen eines Kollegen zu reagieren. Dieser fragt: »Sie haben gerade den Begriff der ökonomischen Relevanz gebraucht – was bedeutet das denn?« Darauf reagiert der Vortragende recht ungehalten: »Ich werde doch wohl noch präzise Ausdrücke benutzen dürfen! Außerdem hätte ich gedacht, dass dieser Begriff allen hinlänglich bekannt ist; aber da habe ich mich wohl in Ihnen getäuscht.«

Herr Münter hat hier seine Beherrschung verloren: Der Einwurf des Kollegen hat ihn geärgert, aus welchem Grund auch immer, und er hat seinem Ärger freien Lauf gelassen, ist sogar noch zum Angriff übergegangen. Das zeigt: Selbstbeherrschung fällt meist nur dann unangenehm auf, wenn sie fehlt.

Selbstdisziplin und Selbstbeherrschung – zwei Pole eines Soft Skills

Wie hängt die Fähigkeit zur Selbstbeherrschung mit Selbstdisziplin zusammen? Ganz einfach: Mit den Bemerkungen »Er ist nachlässig« und »Sie hat ihre Beherrschung verloren« sind die beiden Pole dieses Soft Skills markiert. Selbstdisziplin ist die Fähigkeit, die eigenen Gefühle und das Verhalten so zu kontrollieren, dass ein Ziel konsequent erreicht wird. Selbstbeherrschung ist die Fähigkeit, die eigenen Emotionen situationsadäquat zu steuern. Bei diesem Soft Skill geht es also darum, Eigenschaften bzw. Emotionen in den Griff zu bekommen, die uns davon abhalten, diszipliniert oder beherrscht zu handeln. Diese sind bei der Selbstdisziplin z.B. Zerstreutheit, zu große Genussfreude oder Antriebslosigkeit. Wenn wir diesen Eigenschaften zu viel Raum lassen, führt dies meist zu einem Mangel an Beharrlichkeit. Bei der Selbstbeherrschung verhindern etwa Neid und Eifersucht, Eitelkeit, Selbstgefälligkeit oder übertriebene Neugierde, dass wir souverän reagieren

Selbstbeherrschung gründet auf Selbstbewusstsein

Natürlich sind es ganz unterschiedliche Gründe, die Menschen die Beherrschung verlieren lassen. Das individuelle Selbstwertgefühl ist dabei ein ausschlaggebender Faktor. Je sicherer Menschen sich fühlen, desto stabiler ist ihre Fassung. Dies gilt sowohl für äußere Bezüge, wie z. B. Routine im Job, Sicherheit in Verfahren und Strukturen oder Klarheit und Akzeptanz in der Rolle, als auch für innere Bezugspunkte, etwa das subjektive Sicherheitsgefühl, die eigene Wertschätzung und die Ich-Stärke. Mike Münter in unserem Beispiel reagiert auf den Fragenden nicht souverän. Er fühlt sich unsicher, fühlt sich vielleicht an einem schwachen Punkt ertappt und sieht seine Wertschätzung infrage gestellt. Seine Emotionen gehen daraufhin mit ihm durch.

> Wer sich nicht selbst beherrscht, bleibt immer Knecht. Nur wer sich selbst im Griff hat, kann andere überzeugen.

Check-up

Souveränes, selbstbeherrschtes Auftreten ist im beruflichen Bereich unabdingbar und in vielen privaten Situationen ratsam. Emotionen zu steuern heißt aber nicht, sie zu ignorieren. Allzu große Selbstbeherrschung und -disziplin können auch einer gewünschten Offenheit der Gefühle entgegenstehen. Ausschlaggebend für die Beurteilung, ob das Ausleben von Gefühlen angemessen ist oder nicht, ist die Antwort auf die Frage: Schade ich mit dem Ausleben meiner Emotionen jemand anderem, mir selbst oder meinen Zielen?

Wie diszipliniert sind Sie?

Kennen Sie diese Situationen? Der Kollege geht eine Zigarette rauchen und Sie sind versucht mitzugehen; Sie sind auf eine dringende Arbeit konzentriert und ein Freund ruft Sie an, um Sie für diesen Abend zu einer gemeinsamen Unternehmung einzuladen; eine E-Mail geht ein und Sie klicken sie sofort an. Wenn Sie das alles kennen, dann neigen Sie wahrscheinlich dazu, sich ablenken zu lassen oder zu viele Dinge auf einmal zu wollen. Um sich systematisch zu prüfen, sollten Sie sich folgende Fragen beantworten:

- Gab es viele Vorhaben, von denen Sie wirklich überzeugt waren und die trotzdem im Sande verlaufen sind?
- Fällt es Ihnen schwer, sich auf Aufgaben und Details zu konzentrieren?
- Schieben Sie viele Dinge vor sich her?
- Brauchen Sie sofort nach jeder Anstrengung einen verwöhnenden Ausgleich?
- Ist Ihnen Freizeit wichtiger als eine gute Arbeitsleistung?

Wie selbstbeherrscht sind Sie?

Wollen Sie sich darüber klar werden, wie souverän Sie mit anderen Menschen umgehen, hilft natürlich vor allem das Feedback von Dritten. Stellen Sie folgende Fragen:

- Wirke ich zuweilen überheblich oder selbstgefällig?
- Kann ich manchmal schlecht locker lassen und verbeiße mich in Argumente?
- Zeige ich gelegentlich überzogene Gefühlsreaktionen – positiv wie negativ?
- Wirke ich bisweilen feindselig oder aggressiv?
- Bin ich manchmal oberflächlich oder undifferenziert?
- Lasse ich mich in meiner Haltung leicht beeinflussen?

Die Antworten auf diese Fragen geben Ihnen Aufschluss darüber, ob Sie (unbewusst) zu Abwehrmechanismen greifen und die Selbstbeherrschung durch die dahinter stehenden Bedrohungsgefühle verlieren.

Selbstbeherrschung der vier Persönlichkeitstypen

Durch was oder wen sich Menschen in ihrer Sicherheit, Anerkennung und Wertschätzung verletzt oder bedroht fühlen, ist abhängig von der eigenen Persönlichkeit. Das Riemann-Kreuz gibt Ihnen Hinweise auf potenzielle Auslöser von Gefühlen, die Sie besonders schwer beherrschen können:

	Distanz	Nähe
Wechsel	Sie neigen dazu, mit anderen schnell in den Wettbewerb zu treten. Sie fühlen sich auch leicht in Ihrer Handlungsgeschwindigkeit blockiert, z. B. weil Dauer-Menschen immer etwas gründlicher abwägen, bevor sie sich entschließen. Sie laufen Gefahr, das als persönliche Behinderung aufzufassen.	Sie fühlen sich schnell in Ihrer Wertschätzung bedroht, wenn Ihr Gegenüber auf Ihr Gesprächsangebot nicht eingeht und sachlich-kühl reagiert. Auch wenn Ihre innovativen Ideen einer fachlichen und bedächtigen Prüfung unterzogen werden, kann es Ihnen passieren, dass Sie sich nicht ernst genommen glauben.
Dauer	Ihnen könnte es im Alltag geschehen, dass Sie sich überfahren fühlen, weil Ihrem Klärungsbedarf nicht Rechnung getragen wird. Sie tendieren dahin, sich durch unvorhergesehene Veränderungen verunsichert zu fühlen. Emotionale Argumente entziehen Ihnen die sichere Entscheidungsgrundlage und können Sie bedrohen.	Konsequente Argumentation empfinden Sie leicht als aggressives Verhalten. Sie spüren einen Mangel an Wertschätzung, wenn Ihre Gefühle nicht beachtet werden. In unkalkulierbaren Situationen verlieren Sie schnell Ihr subjektives Sicherheitsbedürfnis. Sie leiden unter mangelnder Anerkennung, wenn Ihr Bemühen um Konfliktvermeidung als störend erlebt wird.

Sie erkennen wahrscheinlich, dass das vermeintliche Bedrohungspotenzial häufig aus den anderen Quadranten kommt, die neben oder gegenüber Ihrem Heimathafen liegen. Mit einer

Ausnahme: Im Bereich Distanz-Wechsel geht die Bedrohung auch von Wettbewerbern aus dem eigenen Lager aus. Hier entsteht häufig eine Rivalität, die andere oft gar nicht wahrnehmen.

Push-up

Selbstdisziplin durch Steigerung der Willenskraft

- Richten Sie Ihre Willenskraft ganz auf das Beenden der Aufgaben und alle Details. Überprüfen Sie gelegentlich, ob Sie nichts vergessen haben und alles gut gemacht haben. Unterscheiden Sie zwischen Effektivität und Effizienz: Effektivität heißt, die Dinge richtig machen. Effizienz heißt, die richtigen Dinge machen.
- Machen Sie gelegentlich eine Pause und überprüfen Sie Ihre Arbeitsweise.
- Nach Abschluss der Arbeit oder nach Erreichen des Ziels belohnen Sie sich mit etwas Genussvollem – aber wirklich erst dann! Wenn Sie sich selbst so kontrollieren, dass Sie ihr Ziel mit Ausdauer und Konsequenz verfolgen, werden Sie auf Dauer erfolgreich sein.

Selbstbeherrschung durch Erkennen und Steuern der Gefühle

Gehen wir zu unserem Beispiel zurück: Wie könnte Mike Münter die unangenehme Situation für sich klären?

BEISPIEL

Er könnte seine Beziehung zu dem Kollegen hinterfragen: »Was bewirkt er bei mir? Fühle ich mich ihm fachlich unterlegen? Bin ich selbst unsicher bei meinem Vortrag und er deckt das auf? Stehe ich in Konkurrenz zu ihm? Ärgert mich sein Verhalten, weil er bestimmte Dinge, die mir wichtig sind, unterlässt oder anders macht?« Die Antworten auf diese Fragen geben Mike Münter Hinweise auf seine unbewussten wunden Punkte. Er ist in der Lage zu erkennen, dass der Kollege als Dauer-Mensch immer alles ganz genau bis ins letzte Detail geklärt haben will. Er selbst mit seiner Tendenz zum Wechsel fühlt sich getroffen, merkt jedoch, dass das kein Angriff des Kollegen war, sondern seine Eigenart – vielleicht sogar sein Abwehrmechanismus gegen alles, was noch nicht hundertprozentig ist.

Damit Sie souverän mit Ihren Gefühlen umgehen können, schauen Sie sich in den anderen Quadranten des Riemann-Kreuzes um: Sie werden Eigenschaften entdecken, die Sie stören. Je stärker diese auftreten oder je mehr Sie selbst unter Druck stehen, desto mehr werden Ihnen diese Verhaltensweisen zu schaffen machen. Aber führen Sie sich immer wieder vor Augen (besonders in angespannten Situationen), dass

- Sie die Chance haben, sich im Riemann-Kreuz zu orientieren und herauszufinden, bei welchen Eigenschaften und Verhaltensweisen Ihnen die Selbstbeherrschung am schwersten fällt;
- Ihre Gefühle zwar durch andere ausgelöst werden können, die anderen aber nicht für deren Steuerung verantwortlich sind;
- andere Menschen anders »ticken« als Sie, dass ihr Verhalten sich aber nicht automatisch gegen Sie richtet.

Nehmen Sie die Gefühle, die in Ihnen aufsteigen, ernst. Finden Sie den oder die Auslöser und wenden Sie sich rechtzeitig alternativen Reaktionsformen zu. Trainieren Sie in diesem Sinne Ihr Selbstbewusstsein (vgl. Unterkapitel »Selbstbewusstsein«) und setzen Sie Ihre Willenskraft ein, um die Emotionen zu steuern.

Neugierde

Neugierde beschreibt die Fähigkeit, sich für Unbekanntes zu interessieren und Informationen für die Lösung von Fragestellungen zu sammeln. Neugierde ist der Drang nach Innovation. Die Lust am Neuen ist lebensnotwendig, denn sie ist die Triebfeder des Fortschritts. Sie dient dem Aufbau von Erkenntnis und Wissen und ist eine wichtige Voraussetzung für die Entwicklung ganzer Gesellschaften – und natürlich der menschlichen Persönlichkeit.

> »Die Neugier steht immer an erster Stelle eines Problems, das gelöst werden will.« Galileo Galilei

Neugierde als Soft Skill meint, dass Sie offen sind für alles, was in Ihrer Umgebung geschieht, dass Sie Ihre Umwelt beobachten und sich auf Änderungen einstellen. Dies ist die Voraussetzung, um den anhaltenden Wandel in unserer Arbeitswelt angemessen zu begegnen. Gesunde Neugierde bedeutet in diesem Sinne:

- eine positive Grundhaltung (Optimismus),
- Offenheit und Toleranz, zum Beispiel Verzicht auf vorschnelles Beurteilen von Menschen und Situationen,

- Initiative und Engagement, um Probleme zu entdecken und zu lösen,
- flexibles und spielerisches Denken, auch das scheinbar Unmögliche zuzulassen,
- Mut zum Querdenken.

Check-up

Wie neugierig sind Sie?

Bitte kreuzen Sie an:

Mögen Sie gerne alles, was neu ist?	
Sind Sie gespannt darauf, was der morgige Tag Ihnen bringen wird?	
Interessieren Sie sich erst für andere und dann für sich selbst?	
Fahren Sie zu für Sie unbekannten Urlaubszielen?	
Finden Sie es spannend, neue Menschen kennen zu lernen?	
Mögen Sie Menschen, die völlig anders sind als Sie?	
Fällt es Ihnen leicht, sich auf neue Situationen einzustellen?	
Unterbreiten Sie gerne Verbesserungsvorschläge?	
Haben Sie Spaß an Veränderungen in Ihrem Leben?	
Lassen Sie sich gerne auf Unkonventionelles ein?	
Malen Sie sich gerne Situationen aus, bevor Sie sich hineinbegeben?	
Gehen Sie bei Gesprächen gerne in die Tiefe?	
Verlassen Sie sich auf Ihre Intuition, wenn Sie eine schwierige Aufgabe lösen müssen?	
Gestaltet sich Ihr Leben oft turbulent und abwechslungsreich?	
Essen Sie gerne Dinge, die Sie noch nicht kennen?	
Taucht in Ihrem Freundes-/Bekanntenkreis immer wieder mal ein neues Gesicht auf?	

Gehen Sie bewusst Risiken ein?	
Fühlen Sie sich zufrieden, wenn Sie Dinge verändern können?	
Suchen Sie sich immer wieder mal ein neues Hobby?	

Auswertung

14-19 Kreuze: Ihre Neugierde und Ihr Wissensdurst haben Sie schon weit gebracht. Sie interessieren sich für vieles, was um Sie herum passiert. Neues macht Ihnen meistens Spaß und oft experimentieren Sie auch. Sie erleben und erfahren oft Dinge, die andere entweder nicht interessieren oder gar nicht wahrnehmen. Nutzen Sie das Erlebte und Erfahrene für weitere spannende Begegnungen.

8-13 Kreuze: Sie sind neugierig, wenn Sie das Thema, die Sache oder der Mensch interessiert. Sie stürzen sich vermutlich nicht beliebig auf alles Neue, dass Ihnen angetragen wird. Von Themen, deren Nutzen Sie nicht immer gleich erkennen können, lassen Sie im Zweifel die Finger. Für Sie gilt: Neuerungen ja, aber nicht um jeden Preis.

0-7 Kreuze: Ihr Leben wird anscheinend durch Sicherheit, Klarheit und Struktur bestimmt. Neues anzugehen bedeutet für Sie häufig, gewohnte Abläufe zu verändern, und das ist nicht immer Ihre Sache. Sie wissen gerne ganz genau, worauf Sie sich einlassen. Wozu ein Risiko eingehen, wenn doch alles so, wie es ist, gut ist? Oder vielleicht doch nicht?

> Neugierde ist die Voraussetzung für Kreativität.

Neugierde im Riemann-Modell

Wie neugierig Sie sind, hängt natürlich nicht zuletzt von Ihrer Persönlichkeit ab. Jeder Mensch trägt die polarisierenden Bestrebungen nach Sicherheit und Abwechslung in sich. Nur geht jeder nach seiner Persönlichkeitsstruktur anders damit um. Es gibt Menschen, die auch ohne sehr neugierig zu sein, gut und glücklich durchs Leben kommen. Für den beruflichen Erfolg ist zielgerichtete Neugier unabdingbar, Neugier an sich kann jedoch durchaus störend sein. Wie steht es hier mit Ihnen? Suchen Sie wieder einmal Ihren Heimathafen.

Neugierde der vier Persönlichkeitstypen

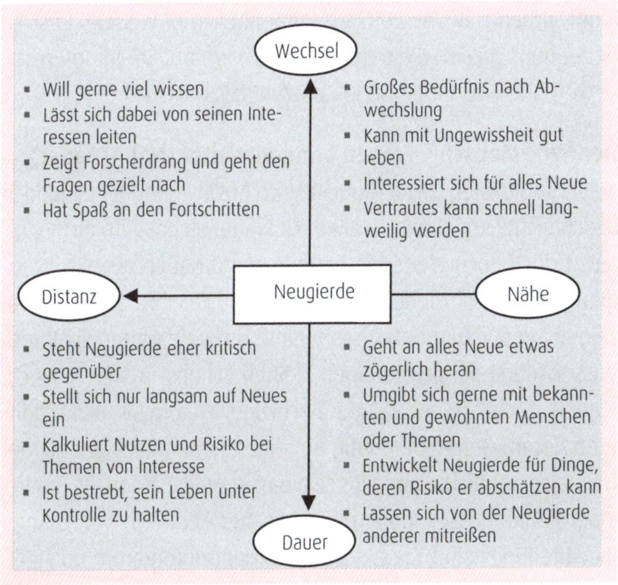

Push-up

Der »Plauderer«: weniger ist mehr (Wechsel/Nähe)

Ihre Neugierde ist sprichwörtlich. Alles, was neu ist, erregt sofort Ihr Interesse. Daher geht kein Trend an Ihnen vorbei. Ob es ein neuer Computer, ein neuer Film oder eine neue Strategie am Arbeitsplatz ist, Sie sind sofort Feuer und Flamme. Mit diesen Eigenschaften sind Sie prädestiniert, immer am Puls der Zeit zu sein. Doch Vorsicht! Ihr Wissensdrang beschränkt sich nicht immer auf Themen oder Menschen, die Sie am Arbeitsplatz voranbringen. Achten Sie darauf, dass Sie sich nicht wahllos auf alles Neue einlassen. Ein buntes Kaleidoskop an Neuerungen bringt Sie schnell von den Dingen ab, bei denen es sich wirklich lohnt, ihnen mit Unvoreingenommenheit und Wissensdurst zu begegnen. Suchen Sie sich gezielt aus, worauf Sie Ihr Interesse lenken und was Ihnen im Job auch nützlich ist.

Der »Wir-Mensch«: Fragen bringen weiter (Nähe/Dauer)

Neuerungen stehen Sie grundsätzlich positiv gegenüber. Jedoch beschleicht Sie dabei bisweilen die Frage, ob das Alte nicht vielleicht doch noch weiterhin hätte Bestand haben können. Neugierig zu sein um jeden Preis – das ist nicht Ihre Sache. Dabei zeigen Sie durchaus Interesse für Ihre Umwelt. Geben Sie Ihrem Wissensdurst ab und zu einen kleinen Schubs. Trauen Sie sich, Fragen zu stellen und Dingen nachzugehen, die Sie wirklich interessieren. Gehen Sie mutig auf einen neuen Kollegen zu, der für Sie so gar nicht richtig ins Bild passen will. Lernen Sie ihn bei einem Mittagessen doch einfach näher kennen. Wenn Ihnen Ihr Abteilungsleiter ein aktuelles Computerprogramm vorstellt, überwinden Sie Ihre Scheu und warten Sie nicht darauf, dass Ihnen jemand die Tücken dieser Software erklärt, fragen Sie von sich aus, was Sie alles wissen möchten. Gehen Sie nicht von der Annahme aus, dass Sie anderen Menschen mit Ihrem Interesse auf die Nerven fallen oder sie stören. Wenn Sie diese Hürde überwunden haben, werden Sie erfahren, dass das aktive Bemühen um Wissen Ihre Neugierde auch für andere Themenbereiche weckt – und es Spaß bereitet, sich auf Ungewohntes einzulassen.

Der »Überlegte«: mehr Interesse für Veränderungen (Distanz/Dauer)

Mit Neugierde haben Sie nicht viel im Sinn. Ihr Interesse bezieht sich auf die Dinge, die Sie zum Leben brauchen. Neues wird erst dann akzeptiert, wenn Sie hundertprozentig von dessen Sinn und Nutzen überzeugt sind. Die Sachen dürfen gerne überschaubar und kalkulierbar sein. Das ist bis dahin noch nicht tragisch. Nur, wer sich allem Neuen verschließt oder von sich aus wenig Interesse für Veränderungen zeigt, gehört bald zum »alten Eisen«. Streichen Sie Sätze wie »Das haben wir noch nie so gemacht!« oder »Früher ging es doch so« aus Ihrem Wortschatz. Zeigen Sie Ihren Mitmenschen, dass Sie sich sehr wohl für Neues interessieren. Überraschen Sie Ihre Vorgesetzten und Kollegen mit gezielten Fragen zu neuen Themen. Dabei ist es nicht nötig oder überhaupt sinnvoll, dass Sie Ihre eher kritische Haltung aufgeben. Ganz im Gegenteil: Im Zusammenspiel mit Menschen aus dem Feld Wechsel/Nähe kann Ihre Fähigkeit, Themen gezielt und fokussiert zu betrachten, überaus hilfreich sein.

Der »Macher«: gezielter vorgehen (Wechsel/Distanz)

Wenn Sie etwas interessiert, dann zeigen Sie das auch. Ihrer Freude an Neuerungen und am Fortschritt geben Sie Raum und Zeit. Dabei scheuen Sie sich auch nicht, ungewöhnlichen Dingen auf den Grund zu gehen. Bei der Auswahl der Themen oder Menschen gehen Sie weitestgehend intuitiv vor. Aber es kann Ihnen dabei passieren, dass Sie etwas quasi versehentlich unberücksichtigt lassen, das ebenfalls Ihr Interesse verdient oder Sie erfolgswirksam weiterbringt. Setzen Sie Ihre Neugierde gezielt ein! Betrachten Sie einmal alles Neue um sich herum, vor allem Themen, die Ihnen vermeintlich gar nicht so liegen. Schärfen Sie Ihre Wahrnehmung, fragen Sie bei Kollegen oder Vorgesetzten nach, womit diese sich gerade beschäftigen. Daraus können Sie sich neue Handlungsfelder erschließen.

> Die Lust am Neuen ermöglicht es Ihnen, mit der sich verändernden Welt Schritt zu halten und sich leichter zurechtzufinden.

Konfliktfähigkeit

Konflikte lassen sich im Leben nicht vermeiden – auch wenn manche Menschen sich dies sehnlich wünschen. Sie wissen ja: Menschen hören mit unterschiedlichen Ohren und sprechen mit verschiedenen Schnäbeln. Unterschiedliche Persönlichkeitstypen können einander das Leben schwer machen, ohne dass sie dies wollen. Zu den Soft Skills, die im Berufsleben wichtig sind, gehört auch die Fähigkeit, Differenzen mit anderen auszuhalten und konstruktiv aufzulösen.

Konflikte rufen archaische Emotionen wach

Die mit Konflikten verbundenen Verhaltensweisen entsprechen oft Reiz-Reaktions-Mustern aus der Urzeit: Flucht oder Angriff. Die zugrunde liegenden Gefühle sind schnell zu spüren und sehr vehement: Hass, Verzweiflung, Niedergeschlagenheit, aber auch Hohn und Überheblichkeit treten auf, weil sich Menschen in ihrer Persönlichkeit verletzt fühlen. Eine Deeskalation wird bei fortschreitendem Konflikt immer schwerer, weil die Gegner zu Feinden geworden sind, die einander nicht mehr als Partner akzeptieren. Es lohnt sich also, Konflikten offensiv zu begegnen und eine Klärung herbeizuführen, bevor es zu spät ist.

Check-up

Sind Konflikte für Sie

- die Alternative zwischen Sieg oder Niederlage?
- oder ein Aufeinandertreffen von zwei unterschiedlichen und nicht gleichzeitig an einem Ort zu realisierenden Interessenlagen, Zielen oder Wünschen?

Wenn es für Sie um Sieg oder Niederlage geht, wird es naturgemäß Gewinner und Verlierer geben. Der sachliche Inhalt des Konflikts tritt immer weiter in den Hintergrund, wenn nicht rechtzeitig eine Lösung gefunden wird. Dann eskalieren die Auseinandersetzungen oft: Sie werden zunehmend persönlich und somit auch verletzend, im schlimmsten Fall entstehen Hass und Verzweiflung. Lösen Sie sich von der Schwarz-Weiß-Sicht:

Es geht nicht um Recht und Unrecht. Verschiedene Menschen sehen die Dinge unterschiedlich. Fangen Sie bei sich an! Dabei können Ihnen die vier Grundstrebungen der Persönlichkeit hilfreich sein. Jeder Typus reagiert auf andere Konfliktauslöser.

Konfliktauslöser der vier Persönlichkeitstypen

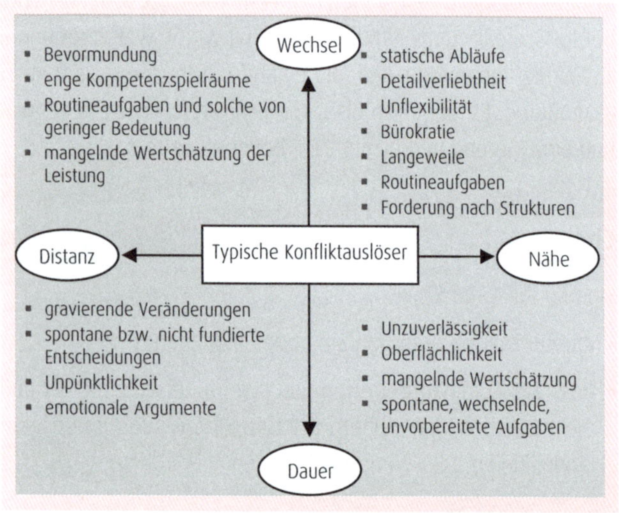

Suchen Sie Ihren Quadranten und nehmen Sie die Beschreibungen als Anregung, Ihre speziellen Konfliktauslöser zu finden. Akzeptieren Sie diese, aber geben Sie ihnen nicht unreflektiert nach. Versuchen Sie gelassener damit umzugehen. Dann schauen Sie sich an, wie Sie typischerweise in einem Konflikt reagieren. Diese Verhaltensweisen nimmt Ihr Gegenüber wahr. Diese ehrliche Erkenntnis ist vermutlich nicht ganz leicht zu verkraften, aber sie ist die Grundlage für eine sinnvolle Weiterentwicklung.

Konfliktverhalten der vier Persönlichkeitstypen

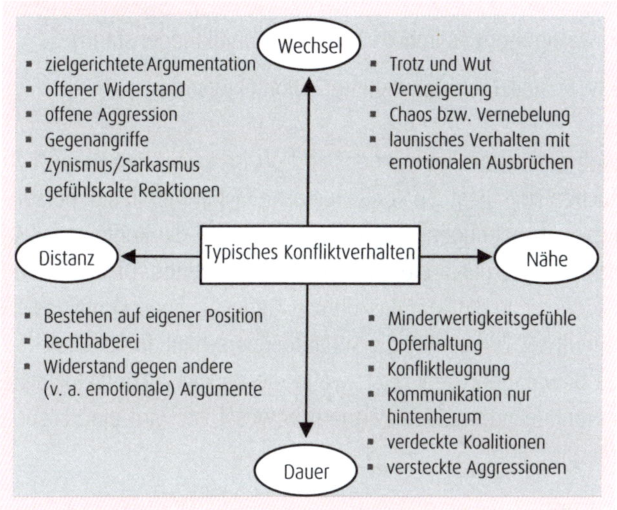

Jetzt werden Sie vielleicht verstehen, wie Sie bei anderen ankommen. Seien Sie ehrlich mit sich: Können Sie nicht manchmal nachvollziehen, warum Ihre Konfliktpartner so auf Sie reagieren? Fragen Sie sich: Wollen Sie so wahrgenommen werden?

Push-up

Allgemeine Konfliktlösungsstrategien

Jeder Konflikt hat drei wesentliche Ebenen, die beachtet werden müssen, um ihn zu entschärfen:

- Was war der aktuelle Auslöser für das Aufbrechen des Konflikts? (Konfliktanlass)
- Worum geht es in dem Konflikt? (Konfliktgegenstand)
- Was steckt wirklich dahinter? (Konfliktursache)

Während Anlass und Gegenstand oft im sachlichen Bereich zu suchen sind, liegt die Konfliktursache fast immer in den persönlichen Beziehungen. Gehen Sie deshalb bei der Konfliktanalyse schrittweise durch die oben genannten Ebenen. Diese Klärung ist der erste Ansatz, das diffuse Geflecht eines Konfliktes zu entwirren. Damit wird die Situation überschaubarer und leichter zu bewältigen. Denn erst, wenn die wirkliche Konfliktursache gefunden und beiden Partnern bewusst ist, wird eine Lösung möglich sein.

BEISPIEL

Ulla Kirsten ist eine freundliche, gut organisierte und engagierte Sekretärin. Ihr Chef Franz Jahn kommt zu ihr ins Büro und sucht Unterlagen für die nächste Bereichsleitersitzung. Sie sagt zu ihm: »Vielleicht müssen Sie mal in Ihrem Büro nachschauen, ich habe Ihnen die Papiere vor einigen Tagen schon hingelegt.« Darauf entgegnet er: »Ich brauche die Unterlagen jetzt. Sorgen Sie dafür, dass sie auf meinen Tisch kommen!«, und geht in sein Zimmer.

Was ist hier Anlass für die Meinungsverschiedenheit, worum geht es inhaltlich und wo liegt die tiefere Ursache? Der Konfliktanlass ist ganz offensichtlich: Es fehlen wichtige Unterlagen für die bevorstehende Bereichsleitersitzung. Konfliktgegenstand sind vordergründig die Unterlagen, aber bei genauerem Hinschauen geht es um mehr, nämlich um das Ordnungssystem und die Zusammenarbeit im Büro. Wenn wir noch eine Schicht tiefer einsteigen, kommen wir an die Konfliktursache: Ulla Kirsten ist eine gewissenhafte Sekretärin und legt offensichtlich viel Wert auf Ordnung. Franz Jahn scheint nicht ganz so ordentlich und organisiert, aber sachbezogen und dabei spontan zu sein. Deshalb prallen hier zwei sehr unterschiedliche Persönlichkeiten aufeinander.

Fühlen Sie sich in den Konfliktgegner ein

Eine Interessenkollision kann nur gelöst werden, wenn alle Beteiligten das wollen. Dazu müssen die Kontrahenten ihre gegenseitige Sichtweise verstehen. Versuchen Sie sich deshalb empathisch in die Fühl-, Denk- und Handlungsweise Ihres Gegenübers hineinzuversetzen.

- Welches Ziel verfolgt der Konfliktpartner? Worauf kommt es ihm an?
- Wie erlebt er die Situation? Wie fühlt er sich?
- Wie sieht er Sie? Welche Gefühle lösen Sie in ihm aus?

Akzeptieren Sie, dass subjektiv jede Sichtweise richtig ist, auch die des anderen – denn Meinungen und Gefühle können nicht falsch sein, nur eben unterschiedlich.

Trainieren Sie sich an, vor einem konfliktträchtigen Gespräch oder bei einem bestehenden Konflikt in Gedanken an das Riemann-Kreuz den Heimathafen Ihres Gegenübers herauszufinden. Erkennen Sie seine Konfliktauslöser und sein typisches Konfliktverhalten? Dies wird Ihnen helfen, sich auf andere einzustellen und Konflikten vorzubeugen oder mit diesen konstruktiver umzugehen.

So sprechen Sie einen Konflikt an

Bahnt sich eine Auseinandersetzung an, reden Sie mit der anderen Partei darüber, was Sie stört und wie Sie die Situation empfinden. Wird die Beziehung selbst thematisiert, ist es viel leichter, schnell wieder zum sachlichen Kern zurückzukommen. Wählen Sie einen ruhigen Moment, um einen potenziellen Konflikt anzusprechen, und halten Sie sich dabei an die folgenden Regeln:

- Klären Sie zunächst, wer beteiligt ist und um was es sachlich geht.
- Unterscheiden Sie zwischen Konfliktanlass und Konfliktursache.
- Berücksichtigen Sie die Persönlichkeitsstruktur Ihres Gegenübers und gehen Sie darauf ein.
- Sorgen Sie für eine entspannte Atmosphäre, vermeiden Sie Druck und Zwang.

- Halten Sie Ihre Gefühle im Zaum, auch wenn es schwerfällt, werden Sie nicht rechthaberisch. Wenn Sie Kritik einstecken müssen, bleiben Sie beherrscht (s. Abschnitt »Kritikfähigkeit« und Abschnitt »Selbstdisziplin/Selbstbeherrschung«).
- Sprechen Sie in der Ich-Form, legen Sie Ihre Sicht der Dinge dar und fragen Sie den anderen nach seiner Perspektive.
- Legen Sie ein gemeinsames Ziel (Lösung) fest.
- Suchen Sie die Hilfe eines neutralen Dritten, wenn Sie sich nicht einigen können. Dieser sollte möglichst aus einem »neutralen Quadranten« kommen, also weder Ihnen noch Ihrem Gegenüber zu ähnlich sein.

> Nur wenn Sie andere Auffassungen akzeptieren können und sich offen mit Ihren Mitmenschen auseinandersetzen, leben Sie ein selbstbestimmtes Leben.

Durchsetzungsvermögen

BEISPIEL

Es ist Freitagnachmittag. Sie sitzen im letzten Meeting für diese Woche. Gerade präsentiert ein Kollege ein Arbeitsergebnis, das Sie in stundenlanger Recherche mit ihm gemeinsam fertiggestellt haben. Eigentlich sollten Sie schon vor fünf Minuten die Präsentation übernehmen. Aber der Kollege redet und redet. Irgendwie beschleicht Sie das Gefühl, dass er Sie absichtlich vergessen hat. Seine Darstellung wirkt auch immer mehr so, als wenn er die ganze Arbeit alleine gemacht hätte. Sie kochen vor Wut, bringen aber kein Wort über die Lippen. So eine Unverschämtheit! Die anderen Kollegen müssten das doch eigentlich merken und sagen auch nichts. Es ist nicht das erste Mal, dass Ihnen so etwas passiert. Was sollen Sie tun? Den Kollegen mitten im Satz unterbrechen? Sich mit deutlichen Worten wehren? Einen Streit riskieren? Der Preis wäre hoch, der Verlust des Ansehens auch. Was tun? Sie haben Ihren Kollegen schon öfter darauf angesprochen, dass er dazu neigt, Ihre Leistung zu übergehen. Jedes Mal hat er sich tief betroffen gezeigt und Besserung gelobt. Doch bisher hat sich nichts geändert.

Im Alltag und im Berufsleben gibt es viele solcher Situationen. Ganz gleich, ob Sie Ihrem Vermieter klar machen wollen, dass die Mieterhöhung nicht rechtens ist (ohne gleich den Anwalt einzuschalten), oder ob Sie von Ihrem Chef eine Gehaltserhöhung möchten: Sie treffen überall auf Menschen, die versuchen, ihre eigene Position durchzusetzen. Dabei müssen sie im schlechtesten Fall noch nicht einmal die besseren Argumente haben, sondern vielleicht lediglich dominant auftreten – wie der Kollege in unserem Beispiel.

Wie setzen Sie sich gegen diese Gesprächspartner durch? Wer sich über die Bedürfnisse anderer mit Druck hinwegsetzt, darf sich nicht wundern, wenn sein Geschoss wie ein Bumerang zu ihm zurückkehrt. Mit Überzeugungskraft setzen Sie sich nachhaltiger durch als mit Drohungen. Überzeugend wirkt, wer anderen das Gefühl vermitteln kann, dass bestimmte Ansichten oder Standpunkte richtig sind. Um beruflich etwas zu erreichen, müssen Sie andere »mitnehmen«, nicht überstimmen. Deshalb gehört Durchsetzungsvermögen, das mit der Fähigkeit gekoppelt ist, andere zu überzeugen, zu den wesentlichen Soft Skills. Wenn Sie diesen Weg gehen wollen, dann verdeutlichen Sie sich, welche Grundvoraussetzungen Sie bereits mitbringen, um Ihren Standpunkt überzeugend zu vertreten.

> Sich angemessen durchzusetzen bedeutet zu überzeugen, statt zu überreden – oder zu zwingen. Überzeugt folgen Ihnen andere gern auf Ihrem Weg.

Check-up

Können Sie die folgenden Fragen in den meisten Situationen eher mit Ja oder eher mit Nein beantworten?

	Ja	Nein
Definieren Sie vor Gesprächen ein klares Ziel?		
Verfolgen Sie dieses Ziel aktiv und konsequent?		
Bereiten Sie sich auf mögliche Gegenargumente Ihres Gesprächspartners vor?		
Ihr Gesprächspartner möchte seine Meinung durchsetzen. Weichen Sie im Konfliktfall aus?		
Stehen Sie in Gesprächen zu Ihrer Meinung?		
Haben Sie in Besprechungen den Mut, sich offen gegen die Meinung anderer zu stellen?		
Begründen Sie dann Ihren Standpunkt?		
Halten Sie in Gesprächsrunden Blickkontakt zu allen Anwesenden?		
Setzen Sie sich in einer Runde so, dass Sie von allen gesehen und gehört werden?		
Zeigen Sie keine Schwäche bei Widerstand, sondern äußern Verständnis für das vorgebrachte Argument?		
Verknüpfen Sie Gegenargumente mit Ihrem eigenen?		
Denken Sie erst nach, bevor Sie sich zu Wort melden?		
Bleiben Sie in »heißen« Momenten ruhig?		

	Ja	Nein
Reagieren Sie mit Humor und Sachlichkeit auf Störungen?		
Sagen Sie bestimmt und klar Nein?		
Führen Sie in größeren Runden Spielregeln für den Umgang miteinander ein?		
Sprechen Sie erst, wenn Sie die ungeteilte Aufmerksamkeit aller haben?		
Können Sie grundsätzlich auf allen vier Ebenen kommunizieren?		
Können Sie grundsätzlich auf allen vier Ebenen reagieren?		
Fassen Sie in Besprechungen oder größeren Gesprächsrunden Gesagtes zusammen?		

Auswertung

Je häufiger Sie mit Ja antworten konnten, desto überzeugender und durchsetzungsstärker agieren Sie bereits.

Push-up

Aus der Sicht des Riemann-Modells hat in Sachen Durchsetzungsvermögen von sich aus niemand in einem Quadranten die Nase vorn. Sehen Sie die im Check-up gestellten Fragen als Elemente einer Strategie an, die es Ihnen ermöglicht, in Gesprächen und Besprechungen überzeugend aufzutreten und sich besser durchzusetzen.

Wie Sie diese Verhaltensweisen lernen, hängt jedoch mit Ihrer Persönlichkeitsstruktur zusammen. Neues zu erproben ist unter anderem eine Frage des Mutes. Hier sind Menschen mit Wechseltendenzen im Vorteil. Diese werden unsere Anregungen vermutlich gleich zum Anlass nehmen, ein neues Verhalten auszuprobieren. Anders sieht es bei Personen mit Dauerqualitäten aus. Wenn Sie diese Art zu überzeugen und sich durchzusetzen bislang so nicht wahrgenommen haben, dann dürfen Sie Ihrem Herzen jetzt einen Schubs geben. Sie werden sehen, Ihre Bemühungen werden von Erfolg gekrönt sein. Mut brauchen Sie ohnehin, wenn Sie durchsetzungsstärker werden wollen.

Im Folgenden erläutern wir die wichtigsten Verhaltensweisen für mehr Durchsetzungskraft näher.

Setzen Sie sich Ziele

Wenn Sie nicht wissen, was Sie genau erreichen wollen, bemerken es die anderen auch nicht! Konzentrieren Sie sich auf die Punkte, die Ihnen wichtig sind. Versetzen Sie sich in die Lage der anderen und überlegen Sie, mit welchen Argumenten man Ihnen begegnen wird. Bauen Sie Alternativen auf. Sie wirken wenig überzeugend und souverän, wenn Sie gegen besseres Wissen auf Ihrem Standpunkt beharren. In diesem Zusammenhang ist die Fähigkeit zum vernetzten Denken wichtig, die es Ihnen ermöglicht, ein anders lautendes Argument mit dem Ihrem sinnvoll zu verknüpfen.

Vertreten Sie Ihren Standpunkt sachlich

Wenn Sie Ihr Durchsetzungsvermögen und Ihre Überzeugungskraft steigern wollen, weichen Sie Konflikten auf keinen Fall aus. Akzeptieren Sie, dass andere Menschen eben andere Ansichten haben. Das Zauberwort im Umgang mit problematischen Situationen heißt »Versachlichung der Gefühle«. Dabei stehen Fakten im Vordergrund. Filtern Sie diese sachlichen Informationen heraus.

Die gleiche Technik hilft Ihnen, wenn Sie Ihren Standpunkt vor Mehrheiten vertreten sollen. Auch hier gilt: von der Beziehungsebene auf die Sachebene. Wenn Sie Ihre Emotionen zeigen, wird sich immer jemand finden, der Sie auf der Gefühlsebene treffen will. Argumentieren Sie freundlich und ruhig mit Sätzen wie: »Das ist meine Meinung, Sie dürfen gerne eine andere haben.«

So bringen Sie das Gespräch voran

Eine andere Technik ist bei passivem Widerstand geboten. Wenn Sie merken, dass Ihre Gesprächspartner Sie auflaufen lassen, gehen Sie auf die Selbstkundgabeebene und drücken aus, was Sie empfinden und sich für diese Situation erbeten: »Ich habe das Gefühl, dass ich hier vor eine Wand laufe und wünsche mir, dass wir sachlich miteinander umgehen.«

Zugegeben, das ist nicht ganz leicht, aber wenn Sie eigene Gefühle in einer verfahrenen Lage sachlich aussprechen, wirken Sie stark. Wer erklären kann, wie sich eine Situation aus seiner Sicht entwickelt hat und welche Veränderungswünsche er damit verbindet, dem folgen die anderen schnell in ruhigere Gewässer. Und genau das wollen Sie ja erreichen.

Setzen Sie Ihre Körpersprache ein

Natürlich hilft Ihnen eine angemessene Gestik und Mimik, Ihren Argumenten mehr Nachdruck zu verleihen. Schließlich verlaufen zwei Drittel der Kommunikation nonverbal und damit ist dieser Faktor nicht zu unterschätzen.

Es gilt: Überzeugend wirkt, wer authentisch ist. Nichts ist schlimmer als antrainierte Verhaltensweisen, die nicht zu Ihnen passen. Wenn Sie ein ruhiger und überlegter Mensch sind (ausgeprägte Dauer-Tendenzen), sind temperamentvolle, ausladende Gesten und mimisches Schauspiel nichts für Sie. Je weiter Sie sich auf der x-Achse in Richtung Wechsel verorten, desto bewegter darf Ihre Körpersprache werden.

Lassen Sie sich bei nächster Gelegenheit Feedback geben, wie Ihre Gestik und Mimik wirken. Hilfreich ist es immer, sich selbst auf Video zu sehen. Sie selbst sind Ihr strengster Kritiker und wissen, was Sie gut an sich finden und was nicht. Zusammen mit Rückmeldungen anderer werden Sie sehr schnell ein Gefühl dafür bekommen, wo Sie eventuell noch mehr oder weniger Gestik oder Mimik einsetzen können. Versuchen Sie, Ihre Mimik zu kontrollieren und setzen Sie sie bewusst ein. Hier einige Beispiele:

- Achten Sie darauf, dass Sie Ihrem Gegenüber nicht unbewusst – etwa durch Zusammenziehen der Augenbrauen oder herabgezogene Mundwinkel – Ablehnung oder Verachtung signalisieren. Ein Lächeln hingegen – durchaus bewusst, aber ehrlich und situationsgerecht eingesetzt – signalisiert Wohlwollen und Offenheit.
- Auch mit Ihrer Gestik können Sie unbewusste Signale senden, die Ihre Überzeugungskraft schwächen: Anziehende Bewegungen haben auch eine anziehende Wirkung. Abstoßende Bewegungen wirken dagegen abstoßend. Die Hände sollten geöffnet in einiger Entfernung zum Körper gehalten

werden. Ihre Gestik darf nicht nervös wirken: Wer mit den Armen herumfuchtelt, wirkt eher abschreckend.

- Die Körperhaltung ist für alle Quadranten im Riemann-Kreuz gleich entscheidend. Wichtig ist, dass Sie Ihren Gesprächspartnern aufrecht und mit einer offenen Armhaltung begegnen. Zur korrekten Haltung gehört, dass Sie gerade stehen oder sitzen und nicht die Beine ineinander verhaken, auch dann nicht, wenn Sie hinter einem Podium stehen. Die Zuschauer sehen dann zwar nicht die Beine, spüren aber Ihre Unsicherheit.
- Achten Sie auf einen gleichmäßigen Blickkontakt zu allen Beteiligten. Fixieren Sie niemals eine Person oder schauen zum Fenster hinaus, während Sie sprechen. Ihre Überzeugungskraft leidet augenblicklich darunter.

Lernen Sie Gelassenheit

Die letzte Grundregel für ein überzeugendes Auftreten lautet: Bewahren Sie Ruhe und Gelassenheit. Finden Sie eine innere Distanz zu sich selbst und auch zu Ihrer Haltung. Nicht jedes Gegenargument ist persönlich gemeint und je mehr Menschen mit Wechseltendenz anwesend sind, umso lebhafter wird das Gespräch. Das Aufeinanderprallen von Meinungen ist nichts anderes als eine deutliche Kundgabe von Interesse in einer wichtigen Angelegenheit und zeugt von Vertrauen. Wenn Sie das verinnerlichen, fällt es Ihnen hoffentlich leichter, einen kühlen Kopf zu bewahren und damit in Ihrer Durchsetzungs- und Überzeugungskraft wieder einen Schritt weiterzukommen.

Stichwortverzeichnis

Impressum

Bibliografische Information der Deutschen Nationalbibliothek
Die Deutsche Nationalbibliothek verzeichnet diese Publikation in der Deutschen Nationalbibliografie; detaillierte bibliografische Daten sind im Internet über http://www.dnb.dnb.de abrufbar.

Print: ISBN: 978-3-648-16018-3 Bestell-Nr.: 00872-0005
ePub: ISBN: 978-3-648-16019-0 Bestell-Nr.: 00872-0103
ePDF: ISBN: 978-3-648-16020-6 Bestell-Nr.: 00872-0153

Gabriele Peters-Kühlinger, Friedel John
Soft Skills
5. Auflage 2022

www.haufe.de
info@haufe.de

Redaktion: Jürgen Fischer
Bildnachweis (Cover): iStock by Getty Images

Die Autoren

Gabriele Peters-Kühlinger

ist nach langjähriger Führungsverantwortung seit über 25 Jahren als Managementtrainerin und Eignungsdiagnostikerin selbstständig. Ihre Schwerpunkte liegen in der Konfliktklärung, Ausbildung von Führungskräften und Begleitung von Topmanagern. Organisationspsychologische Entwicklung und die Begleitung von tiefgreifenden Veränderungsprozessen runden ihr Profil ab. Kontakt: www.crossroads-consulting.online

Friedel John

ist nach langjähriger Managementtätigkeit in verschiedenen Unternehmen seit 1997 als Gesellschafter der Firma KJP-Hamburg GbR, Personal- und Organisationsentwicklung, Karriereberatung und Coaching selbstständig tätig. Seine Schwerpunkte sind Coaching/Supervision, Teamentwicklung, Konfliktmanagement, Stressmanagement, Organisationsentwicklung sowie Ausbildung von Beratern und Coaches (DGIP). Kontakt: www.kjp-personalberatung.de

In der Reihe TaschenGuides ist von den Autoren auch der Titel »Mit Druck richtig umgehen« erschienen.

Weitere Literatur

»Erfolgreich bewerben mit Soft Skills«, von Claus-Peter Müller-Thurau, 188 Seiten, EUR 19,95. ISBN 978-3-648-08000-9, Bestell-Nr. 14022